百家小集

科学史笔记

吴国盛 著

SPM 南方出版传媒
广东人民出版社
·广州·

图书在版编目（CIP）数据

科学史笔记／吴国盛著．—广州：广东人民出版社，2019.8（2023.1 重印）
（百家小集）
ISBN 978-7-218-13749-0

Ⅰ.①科…　Ⅱ.①吴…　Ⅲ.①科学史—研究—世界　Ⅳ.①G3

中国版本图书馆CIP数据核字（2019）第147955号

KEXUESHI BIJI
科学史笔记　吴国盛　著

出 版 人：肖风华

责任编辑：陈泽航
装帧设计：张绮华
责任技编：吴彦斌　周星奎

出版发行：广东人民出版社
地　　址：广州市大沙头四马路10号（邮政编码：510199）
电　　话：（020）85716809（总编室）
传　　真：（020）83289585
网　　址：http://www.gdpph.com
印　　刷：三河市同力彩印有限公司
开　　本：889毫米×1194毫米　1/32
印　　张：8　　字　　数：150千
版　　次：2019年8月第1版
印　　次：2023年1月第2次印刷
定　　价：59.00元

自序

中国近代学习来自西方的科学，有紧迫的救亡动机，目的在于“师夷长技以制夷”，因此，注重如何“做科学”（doing science），不怎么注重“理解科学”（understanding science）。一百多年来，绝大多数学理工的学生，都只是在学习如何运算解题、实际操作，对科学背后的历史背景、哲学前提、社会学逻辑不太在意。这当然也有其历史的合理性。毕竟在落后太多的情况下，首要的任务是追赶、模仿、复制，优秀的智力资源于是都安排去学习“做科学”，“理解科学”被耽搁了。这就是我所在的科学史学科为何在过去一百年始终处在边缘状态的原因。

“理解科学”被耽搁，造成整个中国社会对科学之人文的陌生。人们一方面特别热爱科学，另一方面关于科学的误解误读层出不穷。从“哥白尼受迫害”“伽利略被烧死”这样的低级历史事实错误，到“科”“技”不分、以“技”代“科”这样的集体无意识，都反映了“理解科学”的缺失。今天，中国的综合科技实力有了长足的进步，中国人都希望能够在解决了挨打和挨饿问题之后对人类有较大的贡献，这个时候，再也不能够缺失“理解科学”了。科学史学科终于迎来了一个好的发展时机。

然而，中国的科学史家准备好了吗？中国的科学教育家、科技决策者准备好了吗？我还是颇有疑问。近二十年来，我就科技史的文化意义、科技史的学科发展方略等发表了一些大大小小的文章。感谢向继东先生邀请，将这些文章结集，使它们有机会被更多的读者读到。我希望大家一起来思考这些问题，把“理解科学”这堂课尽早补上。

吴国盛

二〇一九年三月于清华荷清苑

目次

讲演

什么是科学史*

科学史在国际上是一门相对较新的学科，在我国，这门学科地位还不太高，不太为人所知。但是在推进素质教育和通识教育方面，科学史能起到非常巨大的作用。科学史的创始人乔治·萨顿说得好，科学史是自然科学与人文学科之间的桥梁，它能够帮助学生获得自然科学的整体形象、人性的形象，从而全面理解科学、理解科学与人文的关系。这些年来，国内许多高等院校相继在大学生中开设科学史课程，这是非常令人高兴的。与教学方面的良好局面相比，我们在科学史

* 2003年9月在北京大学的讲演。

方面的理论研究还没有受到应有的重视。理论研究不深入，就会影响科学史教学的质量，和影响科学史在素质教育和通才教育中发挥应有的作用。所以我们希望科学史的教学工作者和研究者重视这个科学史理论研究，今天我很高兴来讲一讲我本人对科学史这门学科的一些基本看法。

“科学史”（History of Science）这个词跟“历史”(History)一样有两个层次的意思，第一层次指对过去实际发生的事情的述说，第二层次则是指对这种述说背后起支配作用的观念进行反思和解释，后者有时也称“史学”或“编史学”（Historiography）、“科学史学”或“科学编史学”（Historiography of Science）。我们可以分别称之为一阶科学史和二阶科学史。

一阶的科学史和二阶的科学史是密切关联的。我们称之为“历史”的东西，总是那些被人“讲”出来的东西。每一种“历史叙述”的背后，都隐含着叙述者的一套历史“观念”。这套“观念”支配着历史叙述者和历史学家去选择讲什么、不讲什么，支配着他们如何讲、如何编排形形色色的历史“事实”。就科学史而言，这套观念首先和主要的是“科学”的观念，其次还有“历史观”，不同的“科学观”和“历史观”决定了科学史叙述的不同范围、不同内容和不同方式，就将写出不同类型的科学史来。

不同的科学观导致科学史写作范围的不同

对“什么是科学”的回答可以有许多角度，对科学史的写作范围构成影响的是如下三种回答，或说三种定义：

定义A：科学是指导人类与自然界打交道的理论知识，尤其指比较系统的自然知识。

定义B：科学是植根于希腊理性传统的西方人特有的对待存在的理论态度，其中尤其指在这种理性眼光之下生成的自然知识体系。

定义C：科学是在近代欧洲诞生的一种看待自然、处理自然的知识形式和社会建制，其理论层面以牛顿力学为典范。

按照定义A，科学史就是人类文明史的一个有机组成部分，凡有文明的地方，就可以写出它的科学史来。就此而言，我们可以有“美洲的玛雅科学史”“非洲科学史”“少数民族科学史”，当然也可以有“中国科学史”。但是，这样定义的科学史也有两种可能。

第一种，假定科学作为“人类”的自然知识有一种主导的、本质的形态，世界各民族或多或少、或先或后地靠近这种主导形态——生活在现代的人们很容易认同这个主导形态就是西方的科学，特别是西方近代的科学——科学史就是记载自然知识的这一主导形态的发展历程。这个假定也被认为是“现代性”在科学史领域中的体现。著名的英国科学史家李约瑟的巨著《中国的科学与文明》，想把中国的科技文明纳入统一的世界科学史图景之中，就属于这种伟大的努力。他以西方近代科学为基本参照系（视为百川归流的大海），仔细查检中国历史上与之类似的科技成就，从而按现代的分科体系梳理出中国古代科技的涓涓细流来。

第二种，假定各个文明特别是主要的大文明之间，并不存在这样一种共同的本质意义上的自然知识形态，各个文明都有其独特的与自然界打交道的方式，并形成各自特有的自然知识形态。要是写起通史来，前者可以称为“百川纳海”型，后者则可以称为“百花争妍”型。目前，“现代性”的、“百川纳海”型的科学通史和国别史（如李约瑟以及多数中国科学史家所写的中国科学史）比较成熟，而“百花争妍”型的科学史尚待进一步发展。

按照定义B，科学史将主要是西方的历史。这是西方大多数科学史家采用的定义，因此他们编写的科学史基本上是西方科学史。只是由于对西方科学文明的产生和传承有过贡献，少数非西方的文明也可以纳入其中，比如古代埃及和两河流域的文明可能对希腊科学的产生有过贡献，阿拉伯人在公元8—11世纪在希腊科学的传承方面有过贡献，所以通常也被提及。过去我们多认为这是“西方中心论”的偏见在作怪，其实主要是科学的定义在“作怪”。再说大多数科学史家采纳这个定义也是有道理的，毕竟，科学首先是作为“西学”而成为“显学”的。

按照定义C，科学史将主要是近代西方科学的历史，希腊科学只是作为近代科学的源头被提及。这也是不少科学史著作采用的定义，因为科学史之所以引起重视，首先是因为近代科学在人类社会生活中取得了支配性的地位。其实，定义B和定义C只有强弱不同，并无实质性区别。希腊化时代阿基米德的物理学和托勒密的天文学，与文艺复兴时期伽利略的物理学和哥白尼的天文学，并没有本质的区别。许多人都同意，定义C给出的科学史实际上是定义B给出的科学史的一种断代形式。

不同的科学观导致科学史写作内容的不同

除了决定写作范围外，不同的科学观也会导致科学史的写作内容的不同。这些科学观未必是排它的，它们所支配的科学史有时只是侧重点不同。

实证主义科学观认为：科学是实证知识，科学史是实证知识的积累史。实证知识也就是通过经验而确证的知识。按照这种科学观，科学史将会比较重视所谓“硬事实”的积累过程，而对于思想观念特别是思辨性的东西则予以忽视。科学史学科的主要创始人乔治·萨顿是这种实证主义科学史的代表人物之一，他所写作的科学史基本上是实证知识的编年史，即尽量把历史上出现的所有科学知识和技术知识记录下来，按照年代的顺序编写出来。他的巨著《科学史导论》就是这样，以半个世纪为一个单元，逐个考证过去年代在许多知识部门出现过的实证知识。这样来编写科学史，面对的将是浩如烟海的材料，而且随着时间接近现代，其史料将呈指数增长。在萨顿的有生之年，《科学史导论》出版了三卷五大册，但仍然只写到了十四世纪。萨顿之后，再也没有人继续他的这一宏伟的事业。

实证主义编年史的问题在于，近代科学的分科越来越细、越来越专，如果完全按照编年的方式，就难以完整地叙述各学科发展的历史线索，历史会显得像是一堆支离破碎的材料。并且，进入近代以后实证知识几乎是无边无际，事无巨细地搜集整理罗列，既无可能，也无必要。

对于实证主义编年史的放弃根源于对实证主义本身的放弃。实证主义所假定的“硬事实”和经验归纳的科学发现模式，在二战之后遭到了科学哲学界的质疑。科学史家越来越意识到，何种“科学事实”应当纳入科学史家的视野，取决于所关注的历史主题。从历史中发现科学观念的流变，或者解释为什么某一时期的科学活动格外频繁，或者专门揭示某一特定时期科学与其他文化如宗教、经济等现象的内在关联，等等，越来越成为新一代科学史家的编史目标。

观念论的科学史家认为：科学本质上是观念，科学观念的发展是内在的和自主的，科学史是观念内在更替的思想史。这种科学史将会把注意力集中在科学观念的内在演变之上，将会比较关注与科学观念相关的哲学史和思想史。法国科学史家柯瓦雷是这种观念论科学史的开创者和主要代表。他毕业致力于研究十六七世纪基本科学观念的形成过程，为我们提供了一幅有说服力的近代科学革命的图景。柯瓦雷认为，十七世纪科学革命既改变了近代思想的内容，也改变了近代思想的框架本身。希腊人有限的、层次分明的、和谐有序的、天球层层相套的宇宙（cosmos）被打碎，代之以无限的、均匀各向同性的、几何化的宇宙（universe），是这场思想革命的主题。而正是这种宇宙观的彻底改变，要求近代哲学和近代科学基本概念和基本原理的重建。他在一九四〇年出版的《伽利略研究》一书中，充分展示了“概念分析技术”的威力。通过对大量历史文献的解释，他表明了，导致伽利略新物理学和新天文学诞生的，不是新事实的发现，而是新观念的出现，而这些新观念与当时的哲学、宗教、形而上学的观念交织在一起，密切相关。在柯瓦雷的示范下，五六十年代出现了一大批科学思想史的优秀作品。

值得注意的是，思想史的编史方法获得成功的领域往往是数理科学，这主要是指天文学、力学和几何光学，在历史上，主要指从哥白尼到牛顿这段历史时期。这段时期，科学思想发生戏剧性的变革，为迎接新思想的到来所需要的细节上的改变，一环紧扣一环，每一环节都由一个伟大的人物来完成，整个科学的进展仿佛是早已安排好了的一幕戏剧的开演。这样的历史当然使思想史或观念史大有用武之地，可是这种情况在科学史上并不多见。到了十八世纪，科学发展的线索就不那么分明了，科学史不再是在少数几个成熟学科中观念的变革史，而是许多新学科的诞生史。美国科学史和科学哲学家托马斯·库恩曾提出，近代物理学史上存在着数学传统和实验传统的对立。他认为，像天文学、和声学、数学、光学与静力学这五大学科属于古典物理科学，从古代几乎连续传到近代，这些学科在近代的主要发展是观念革命。库恩在他的《必要的张力》一书中说："古典科学在科学革命时期的转变，更多地归因于人们以新的眼光去看旧现象，而较少得力于一系列以前未预见到的实验发现。"另一方面，像电学、磁学、热学、化学等学科，极大地依赖实验，库恩称之为培根科学，因为培根曾在他的《新工具》中为这些学科的发展设计过蓝图。库恩指出，数学传统的古典科学和实验传统的培根科学直到十九世纪仍然是分离的、独立发展的，不能用一种发展模式来套全部的科学史。库恩的观点对我们认识思想史编史方法的局限性是有帮助的。

科学社会史家认为：科学本质上是一种社会活动，因而科学史可以而且应该写成科学与其他社会文化因素的互动史。科学思想史通常也称内史，科学社会史则称外史。如果说内史的研究对象和方法相对比较确定的话，那么外史则多种多样。我们可以举出三种有代表性的科学社会史学派。第一是马克思主义学派，主张物质资料的生产方式决定社会的上层建筑和意识形态，科学作为一种观念形态的东西，必定受制于物质生产力的状况和水平，恩格斯有句名言“社会一旦有技术上的需要，这种需要就会比十所大学更能把科学推向前进”，讲的就是这个道理；另一方面，科学本身又能转化为生产力，在征服自然和改造自然的社会活动中发挥巨大的杠杆作用。因此，为了解释一个时代科学的发展，就必须关注这个时代的社会经济状况和阶级斗争状况，科学史是经济史、政治史的一部分；为了展示科学的社会功能，就必须关注科学对历史的推动作用，科学史因而是技术和工业征服自然、改造自然以获取经济利益的历史。马克思主义科学社会史的代表作有苏联物理学家、科学史家赫森的《牛顿〈原理〉的社会经济根源》（1931），英国晶体学家、科学史家贝尔纳的《历史上的科学》（1954）。赫森的著作在一九三一年于伦敦召开的第二次国际科学史大会上宣读，虽然从今日眼光看不免简单、武断，但却是马克思主义科学社会史纲领造就的第一个有影响的成果，在当时产生了很大的示范作用。它主张，牛顿力学中起主导作用的抽象观念的根源，都可以在当时物质生产力的状况中找到。与赫森的目标不同，贝尔纳并未着力于发现社会的要求如何决定了科学家的研究思路和研究方法，而是通过考察技术、科学与哲学之间错综复杂的相互关系，试图表明，科学在人类社会的历史发展中如何既在经济方面，也在思想结构方面，起着决定性的作用。贝尔纳把科学史与社会史密切地结合在一起，他在其《历史上的科学》中说：“希腊科学反映了受着钱财支配和拥有奴隶的铁器时代社会之兴起以及衰落。中古时代这个悠长的中间时间，则标志着还不曾用到科学的、封建式的自给经济之生长以及不稳情况。直到封建秩序的束缚被资产阶级的兴起所突破，科学才能进展。资本主义和现代科学是同一运动中所产生。现代科学进化的各阶段标志着资本主义经济中相继发生的各个危机。”马克思主义的科学社会史方法在前苏联和我国均有广泛和深远的影响，重视时代的政治和经济背景，重视技术和工业的发展状况，是这类科学史的显著特点。

第二是科学社会学学派，关注科学工作的社会原因，以一种精确统计的社会学方式揭示这种原因。代表人物是美国科学史和科学社会学家罗伯特·默顿。在发表于一九三八年的博士论文《十七世纪英格兰的科学、技术与社会》中，默顿试图用清教伦理和当时英格兰工业发展的需要，解释英格兰的科学为什么在十七世纪特别地突飞猛进。这个解释被称为“默顿命题”。默顿主要关注科学的体制和方法的方面，并不认为科学的知识内容也可以纳入社会学探究的范围之内。

第三是科学知识社会学学派，关注科学知识内容的社会根源，又称社会建构论学派。他们主张，科学知识不是对客观事实的“发现”，而是科学共同体因着各种各样的动机、本着特定的利益、在特定的认识水平上“生产”出来的。他们的编史目标就是要展示这种科学知识生产的发生学过程。毫无疑问，这种科学观是极端相对主义的。近三十年来，科学知识社会学以其新奇和偏激引致了巨大的兴趣和争议。

科学社会史所关注的主题是多样化的、高度发散的，科学与宗教、与法律、与政治、与政策、与文化、与经济、与工业、与传媒的关系，都可以构成特定的编史兴趣和目标；与之相适应的是，科学社会史往往淡化了自身的历史味道，而溶入一个所谓STS（Science, Technology and Society, 科学、技术与社会）的研究领域之中。

在共同关注的某些历史时期的历史解释方面，科学社会史与科学思想史之间有明显的分歧。比如，科学思想史学派坚决反对社会经济因素在科学理论的发展中起决定性作用的说法。然而，我们不得不承认，即使对于十六七世纪的科学革命而言，科学之外的因素的影响也是不可忽视的。写作科学通史只能在内史与外史之间寻找一个平衡，这是通史本身的性质决定的。职业科学家在过去的一个世纪里发展了不少有特色的编史纲领，但还没有哪一个纲领能够一以贯之地运用到所有的学科和所有的历史时期，这也许就是为什么近半个世纪以来由职业科学史家编写的科学通史那么稀少的原因吧。

不同的历史观导致科学史写作方式的不同

科学观的不同会导致科学史写作内容的不同，历史观的不同则会导致科学史写作方式的不同。什么是历史？历史是对过去发生的事情的述说。但是，过去发生的事情无穷无尽，我们该如何“选择”呢？什么样的“选择”可以被认为是真正“历史”的？这就牵涉到对“历史”之本质的看法了。就过去一百年的科学史实践而言，“通史（综合史）与分科史（学科史）”“辉格史与反辉格史”的分歧，就集中地体现了不同的历史观。

近代科学本质上是分科的学问。没有哪一个现代科学家没有自己的专业领域，却被称为科学家。因此，主要由科学家自发从事的科学史研究一开始都是分科史，数学家写出数学史，物理学家写出物理学史，化学家写出化学史。分科史或学科史往往服务于该学科的需要，更多的关注科学上的问题：某一领域里的问题是怎么来的？已经解决了多少？是如何解决的？还有哪些问题没有解决？许多分科史的实践者们认为，只有分科史才是真正的、有意义的“科学”史，至于通史，不过就是各门学科史的汇编，不是一个独立的学科，也不是独自一人能够从事的。

自萨顿时代以来的职业科学史家普遍认为，这种服务于学科本身需要的学科史并不是严格意义上的“历史”。萨顿指出，正像世界地理并不是比英国地理更大的学科一样，综合史也不是比分科史更大的、混成的学科，相反，这是两类不同性质的学科，而每个学科在容量上都是不可穷尽的。与分科史更富有技术性色彩相比，通史更注重学科与学科之间的联系，更注重科学与人文、与社会之间的联系，并在这种联系之中发现科学本身的统一性和人文力量。萨顿在《科学的历史研究》中说过："科学史远胜于所有各种专门学科历史的并列，因为它的主要目的是说明所有各种科学之间的联系、它们彼此合作的成就、它们的共同目标和方法。"在萨顿那里，"历史"的本质就在于对三种"统一性"，即自然界的统一性、知识的统一性和人类的统一性的把握，因而科学史本质上应是综合史，如果说专门史还有意义的话，那就是提供一些基本的、供综合用的技术材料。

随着职业科学史家队伍的逐步壮大，学科范式的日渐成熟，人们已经能够在专科史和通史之间达成一个平衡。对于某一个具体的科学史家而言，他或她的工作领域主要可能是专科史，但是，在他或她的视野里，各门学科之间的联系，科学与哲学、宗教以及其他社会文化之间的联系，肯定不是原则上不予考虑的因素。换而言之，每一个具体的科学史家肯定不可能只是一个通史家（就是萨顿，留给人们的印象更多的也是一个古代和中世纪的科学史家），但肯定具有"通史精神"，即把对统一性的追求作为历史研究的内在动机。科学思想史家柯瓦雷毕生的研究领域在数理科学方面、在哥白尼与牛顿之间，但是他在《我的研究倾向与规划》一文中说："从我的研究伊始，我便为人类思想，尤其是最高级形式的人类思想的统一性的信念所激励。在我看来，将哲学思想史与宗教思想史分离成为相互隔绝的部门似乎是不可能的，前者总渗透着后者，或为了借鉴，或为了对抗。"

"辉格史"是英国历史学家赫伯特·巴特菲尔德创造的一个编史学概念。辉格党是英国历史上的一个党派，约一六七九年出现，一八六〇年以后改称自由党，该党信奉新教、支持国会抗拒国王的王权、提倡君主立宪制度、主张宗教信仰自由。十九世纪，辉格党的历史学家站在该党的立场上，把英国政治史描写成朝着该党所主张的目标不断进步的历史，形成了有特色的辉格史（Whig History）。巴特菲尔德在一九三一年出版的《历史的辉格解释》一书中，把辉格史由一种特定的英国史编史学派，扩展成一般意义上的编史学概念。这种概念扩展很快赢得了历史学界的认可，并成为编史学中一个颇具修辞力量的词组。所谓的辉格史，即是从当下的眼光和立场出发，把历史描写成朝着今日目标的进步史，把历史上的人物分成推进进步的和阻碍进步的两类，主要通过选择进步的人物和事件来编成的历史，便当然会等同于对当下目标和立场的认可和赞同。巴特菲尔德认为，辉格史因为过分注重现在，反而忽视了过去，忽视了真正意义上的历史。因为今天的理想和目标不一定是过去的理想和目标，历史人物和事件只有放在当时的环境和条件中，着眼于当时的理想和目标，才可能得到真正的理解。因此，历史学家不应该强调过去与现在的相似之处，相反，应该着重发现不同之处，发现的不同之处越多，对历史的理解就越深入。

很显然，“辉格史”一开始是作为贬义词出现的，是反辉格史派为申明自己的编史立场而塑造的一个反面形象。但是，这种反辉格史的编史立场在科学史研究领域很快赢得了科学史家们的认可，因为在科学史界，这种辉格史倾向似乎格外突出。由于科学史的研究传统是从科学家们的编史实践中脱胎而出的，而辉格史倾向几乎是一切“作为科学家的科学史家”的“缺省配置”，所以，新一代的职业科学史家为了伸张自己学科的自主性，在反辉格史问题上立场相当一致。柯瓦雷在总结自己的编史实践时说：

“科学思想史，就我的理解以及我据此努力实践的而言，旨在把握科学思想在其创造性活动的过程本身中的历程。为此，关键是要把所研究的著作置于其思想和精神氛围之中，并依据其作者的思维方式和好恶偏向去解释它们。必须抵御这种诱惑——已经有太多的科学史家陷于这种诱惑之中——即为了使古人经常晦涩、笨拙甚至混乱的思想更易理解而将其译成现代语言，尽管澄清了它却也同时歪曲了它。”（引自《我的研究倾向与规划》）

库恩在回顾科学史学科的发展史时，也批评了过去盛行的辉格式的科学史：

“这些老一代科学史的目标是通过展现当代科学方法或概念的演化来澄清和深入地理解它们。受命于这样的目标，历史学家的特征作法是选择一个单一的发达学科或学科的分支——其作为正确完备知识的地位少有疑问——并描述在他的时代构成主题材料和推理方法的那些因素是何时、何地以及如何出现的。被当代科学作为错误或不相干的东西而撇置一边的观测、定律或理论极少被考虑，除非它们指明了一个方法论教训或者解释了一个明显无成就的漫长时期。”（引自《必要的张力》）

新的编史传统亦即科学史学科范式的开创者们普遍意识到，真正的“历史”研究应该是对“传统”的再现，再现当时的人物对当时的思想和事件的态度，基于这样的再现，我们才有可能获得一种历史洞察力。

二十世纪后半期常常被指责为辉格史的往往是那些学科史的编写者，最有代表性的可以举美国生物学家和生物学史家恩斯特·迈尔。迈尔是二十世纪公认的进化生物学的权威、现代达尔文主义（综合进化论）的主要代表，而他的洋洋八十万言的《生物学思想发展的历史》奠定了他在生物学史研究领域的地位。在该书的第一章，迈尔明确表示，他是作为一个生物学家而从事生物学史研究的，他的目的是为了让读者或学生更好地理解目前的科学问题，因而，今日所面临的问题以及相应的立场和眼光，不可避免在历史材料的选择中发挥主导作用。他承认，研究科学的社会文化史固然十分重要，但像他这样更注重技术性细节的概念发展史同样重要，因为在某些科学（比如进化生物学）的发展过程中，确实存在着一以贯之的问题线索，而且这条线索延伸至今，形成当代科学家的概念结构。迈尔也反对极端的辉格史倾向，但是他认为，每本著作所要达成的目标总是有限的，完全的反辉格是做不到的。他在他的《生物学思想发展的历史》中说："科学的道路从来不是笔直的。总是有彼此对立竞争的学说，而且在一个时期中绝大部分的注意力可能偏向一个与正题无关的问题，最后走到死胡同。像这样的一些事态发展有时比科学的直线发展倒更能显示一个时期的时代精神（zeitgeist）。遗憾的是，由于本书篇幅有限，对这样的发展情况不可能充分予以论述。"

值得注意的是，极端的反辉格史事实上根本做不到，因为编史就是选择，而一旦选择就有辉格倾向。一部历史著作越是短小精悍，就越会是一部辉格史。巴特菲尔德本人的科学史名著《近代科学的起源》，简明扼要地勾画了一幅"科学革命"的图景，但也被认为主要是一部辉格史，因为他所讨论的差不多都是今天被确立为科学的东西，而对炼金术、巫术等神秘主义传统如帕拉塞尔苏斯、牛顿的炼金术则未提及。

今天，更多的科学史家认识到，极端的辉格史肯定是违反历史精神的，但任何历史都不可能是中立的，都不可能不带有选择的主观性，因此，极端的反辉格史既无可能，也无必要。每一位科学史家都应该根据其论题的性质和所掌握的材料，在过去与现在之间找到平衡。

科学史与通识教育*

通识教育是相对专业教育而言的。专业教育的目标是培养有专长的“人才”，通识教育的目标是培养全面发展的“人”。“全面发展”的人要了解人类的历史和现状，要有较好的表达能力和讲理能力，要有高尚的情操和审美趣味。通识教育因而更注重文理知识的兼通和广博，更注重文本阅读和写作能力的培养。高校推行通识教育并不是完全否定专业教育，而是把两种教育模式分别置于不同的时段：大学前半时期实行通识教育，后半时期直至研究生阶段实行专业教育。经过

---

* 2016年11月15日在同济大学的讲演。

十多年的理论探讨和实践探索，通识教育已经成为国内高等学校本科教育改革的共识。

在国内实施通识教育的过程中，有一个常见的问题是，科学题材如何参与到通识教育之中。文史哲艺等人文学科似乎天然适合成为通识教育的主力，而理工科由于天然的分科化特征，似乎并不适合加入通识教育。目前常见的通识课程，往往都是人文课程。在通识课堂上授课的，往往都是人文学者。然而，我们今天是一个科学的时代，科学教育的缺失必然不能使人真正理解当代世界及其未来，不能深刻理解人性及其潜在的可能性。此外，在通识教育中普遍采用的经典阅读课程中，科学经典也常常缺位。由于科学经典的内容通常被认为已经过时，并且科学经典阅读要求一定的专业能力因而门槛较高，因此，科学经典的阅读远未提上日程。

我认为，引入科学史是解决这一问题的重要方案。科学史作为科学与人文之间的桥梁学科，天然适合担当通识教育的重任。科学史可以为通识教育增添科学的维度，从而维持通识教育的广度和深度，在科学教育与人文教育之间保持平衡。

科学史为通识教育而生

科学史是一种“二阶”学科，是科学充分发展、对社会产生较大影响，以至于需要进行系统性反思之后诞生的“高阶”学科。十九世纪是科学分科化、职业化、技术化、力量化的世纪。科学的分科化带来了强大的力量，也带来了知识分裂和共同价值的缺失。克服这种注定会愈演愈烈的知识分科化倾向，是科学史学科的早期倡导者们的基本哲学动机。从英国哲学家休厄尔、法国哲学家孔德，到德国哲学家奥斯特瓦尔德，都是如此。科学史之父乔治·萨顿（1884—1956）深受孔德的影响，倡导其新人文主义，试图通过科学史在科学与人文之间架设桥梁。萨顿强调，作为独立学科的科学史首先应该是通史而不是专科史，唯有“科学通史”（General history of science）才有可能达成桥梁的功能。可以说，科学史从一开始就扮演着推动通识教育（General education）的角色。

以哈佛大学为例，我们可以看出科学史与通识教育的特殊关联。哈佛如今是科学史学科的重镇，这一方面是因为萨顿在这里长期耕耘，但另一个重要的原因是哈佛校长科南特基于通识教育理念对科学史课程和学科的重视。科南特（1893—1978）是著名哈佛红皮书《自由社会中的通识教育》的策划人，是美国战后通识教育理念的坚定倡导者和推行者。化学家出身的科南特一直重视科学史学科，并且有意识地把科学史作为哈佛通识教育的重要组成部分。一九三六年，科南特担任哈佛校长三年之后，创办了科学史博士计划，萨顿是博士导师。一九四〇年，科南特又为萨顿设立了教授席位，虽然自一九二〇年萨顿即成为哈佛的讲师并且授课，但一直没有薪水。科南特校长相信通过科学史可以使学生更好地“触摸（感受）科学”（feel for science）。他让萨顿的博士生科恩（I.B.Cohen）协调他实施这一计划，并且于一九四七年在耶鲁大学出版社出版了《论理解科学：一个历史的进路》（On Understanding Science: an Historical Approach）。科南特建议在哈佛开设三门科学史课程，一门课由科恩教、一门由物理学家坎培尔（E. C.Kemble）和霍尔顿（G. Holton）一起教，另一门由柯南特和库恩合作开设。三门课程培养出了后来的三位科学史大家：库恩、科恩和霍尔顿，他们都是科学史界最高奖萨顿奖章获得者。库恩的《科学革命的结构》声名卓著，影响远远超出科学史和科学哲学界。一九六六年，科恩成为哈佛科学史系首任主任。

再以威斯康星大学为例。威斯康星大学的科学史系是美国第一个科学史系，一九四一年成立。跟哈佛大学不同，威斯康星没有像萨顿这样的人物，为何它会建立美国第一个科学史系呢？历史的实情是，导致威斯康星建立科学史系的，不是该大学有较多的活跃的科学史家，而是三十年代关于公立大学的教育改革问题讨论。当时的高教界认为，公立大学要为培养普通公民做出贡献，而不只是培养学术精英。当时的威斯康星大学成立了一个课程委员会，专门研究如何开设课程，以利于培养“全面发展”的公民。最后，委员会建议为大学生开设三门交叉学科的课程，其中二年级开设的是“科学史与科学的意义”（History and Significance of Science）。为了开设这样一门科学史课程，文理学院院长塞列瑞（George Sellery）决定建立一个科学史系。塞列瑞本人是一位中世纪历史学家，而且读过萨顿的东西，对科学史很感兴趣。

哈佛和威斯康星的例子说明，科学史学科本来就是通识教育理念的产物，用科学史来服务于今日的通识教育，可谓名正言顺。

科学经典阅读应提上日程

小班授课、经典阅读被认为是通识教育的一个重要方法，但是，目前国内的通识课程中基本上没有科学经典阅读课程。比较常见的中国文化阅读里有《论语》《老子》《孟子》，但没有《梦溪笔谈》《徐霞客游记》；西方文化阅读里有《理想国》《神曲》《哈姆莱特》《爱弥尔》，但没有《几何原本》《天球运行论》《自然哲学的数学原理》。有一种说法是，科学经典所涉及的知识内容都已经过时了，而文史哲的经典似乎常读常新，具有永恒的意义。这个说法似是而非。科学经典涉及的知识内容并未过时，只是被纳入初等教科书之中，使得单纯为了学习基础的科学知识，无须通过阅读科学经典。问题在于，阅读经典，无论是科学经典还是文史哲经典，目的并不是为了获得知识，而是追溯知识的源头。科学经典所代表的科学思维、科学方法，仍然是现代科学所仿效的原型。没有人会怀疑研读《几何原本》会增强逻辑思维能力和演绎推理能力，研读《自然哲学的数学原理》会让人深刻的领悟自然数学化的真谛。

虽然中国的经典阅读中很少有科学经典，但西方世界并不是这样。无论是为中学生开列的经典书目，还是为有教养的成年人出版的西方名著文库，都有不少于三分之一篇幅的科学经典。因此，国内通识教育还少有以科学经典阅读为核心课程的原因，并不是因为科学经典天生就不适合担当通识教育的任务，而是我们还缺乏合适的科学史教师，我们的科学史学科在通识教育中缺位。

国内的科学史学科为何缺位

最近十多年，通识教育逐步成为我国高等教育改革的共识。越来越多的综合大学在探索本科层面上实施通识教育。目前，同时加入C9联盟（类似美国常青藤的国内名校联盟）和大学通识教育十校联盟的共有五所大学，这五所大学均设置了自己的通识教育学院，其中北大有元培学院，清华有新雅学院，复旦有复旦学院，浙江大学有求是学院，南京大学有匡亚明学院。按照科学史的学科定位以及它在大学通识教育中的历史定位，这些通识教育走在前列的国内名校似乎都应该大力发展科技史学科，都应该有自己的科学史系，以为全国通识教育的表率。然而，让人大跌眼镜的是，这五所国内的顶尖高校在科技史学科发展上都乏善可陈。目前只有北大一家有科技史的博士点，并且这个博士点来自原北京医科大学的医学史博士点，在本部发展不大，甚至多次被要求取消。清华只拥有硕士点。浙江大学拥有的硕士点在二〇一六年的教育部学科评估之前自行取消，复旦和南大则连硕士点也没有。为什么在特别重视通识教育的国内名校，科技史学科发展会如此不堪呢？这与我国科技史学科的独特发展路径有关。

与国际科学史学科为沟通科学与人文而生、为通识教育而生不同，我国的科学技术史学科一开始就是由政府主导的、国家规划的结果。其发展动机是弘扬爱国主义，研究领域主要是中国古代科技史，研究方法基本上是以现代科学的分科模式为框架，去中国古代浩如烟海的史料中去打捞相似的内容，并且证明即使从现代科学角度看，中国古代的科学亦十分发达。这样就形成了中国科技史学科发展历史的几个相互联系的显著特点：

第一，研究队伍长期以来主要集中在中国科学院自然科学研究所，鼎盛时期有上百人的编制，而高校师资力量则相对比较弱小。一九五四年成立中国自然科学史研究委员会，是中国科技史学科的发端，体现的是国家的意志。同年，“自然科学史组”在中科院历史二所内设置。一九五七年，直属院领导的“中国自然科学史研究室”成立，一九七五年升级为“自然科学史研究所”，此后一直是“国家队”。计划经济时代，部分高校也承担了中国古代科技史的研究任务，如清华承担中国古代机械工程史，农业部下属高校负责中国古代农史，卫生部下属高校负责中国古代医史等，但力量相对弱小。

第二，分科治史。由于按照现代科学的分科原则去整理中国古代的相关成就，故分科治史成为中国科技史界近一个世纪以来的突出特征。科学史所成立之后，下设数学、天文、物理化学、地理、生物、技术六个研究组。高校从事科技史的学者基本上也在理科院系，从事分科史研究。正由于分科治史，许多专科大学的科技史研究比综合大学得到了更多的重视。比如北京医科大学的医学史、南京农业大学的农史、北京科技大学（钢铁学院）的冶金史，以及诸多师范院校的数学史和物理学史。等到九十年代高校理工科的教学科研走上正轨之后，科技史在专科大学能够继续得到一定程度的重视，而在著名的综合大学，科技史学科反而日益边缘化。等到老一代退休之后，遂进入难以为继的状态。比如浙江大学，八十年代有杭州大学物理系做物理学史的王锦光先生，拿到了物理史的硕士点，但在物理系后继无人，硕士点最后移到人文学院，最后由于师资不够，而被迫在学科评估之前自我撤销。

由于分科治史，科学通史一直没能提上日程。中国的科技史界并未秉承萨顿曾经的通史理想，因此必然在通识教育中缺位。

第三，面向中国古代。由于目标是“发掘整理祖国科学遗产与成就”，因此整个二十世纪后半期的中国科技史学科基本上以中国古代科技史为研究对象，完全忽视了对现代科学的故乡西方科技史的研究，这样，二十世纪中国的科技史学科几乎与现代科学的历史脱节，与中国高校的科学教育脱节。尽管从八十年代开始，开始重视中国近现代科技史以及西方科技史的研究，但积重难返，时至今日，中国科技史界的主要研究领域还是中国古代。

这些特征很容易解释为什么在今日高校通识教育呼声日高的重要历史关头，科技史学科却整体失声，甚至整体衰落。为了重新承担起科学史学科应该承担的历史重任，中国的科技史界应该把研究的视野由中国古代向中国近现代、向世界科技史特别是现代科学的策源地西方科技史扩展；应该突破分科治史的传统框架，重视各学科之间的交叉关联、重视各学科发展的共同社会文化背景；应该在国内高校开展科技史学科的再建制化，创办一批科学史系。

重点综合大学应创办科学史系

中国的第一个科学史系是上海交通大学科学史与科学哲学系，创办于一九九九年三月九日。第二个科学史系是中国科技大学的科技史与科技考古系，也创办于一九九九年三月。第三个科学史系是内蒙古师范大学的科技史与科技管理系，创办于二〇〇一年五月。第四个科学史系是中国科学院大学人文学院的科学技术史系，创办于二〇一五年。这四个系都是独立的教学科研机构，但都不招本科生，没有本科层面上的分内教学任务，因此“系”与“所”“院”并无实质性差异。事实上，上海交大的科学史与科学哲学系已经于二〇一二年三月改称“科学史与科学文化研究院”，内蒙古师范大学的科技史与科技管理系于二〇〇九年改称“科学技术史研究院”，回到了“研究所”的定位。未更名的中科大和国科大两个科技史系似乎也未有近期招收本科生的计划。

根据美国科学史学会二〇一七年的资料，美国目前拥有七个科学史系：哈佛大学的科学史系、威斯康星大学（麦迪逊）的科学史系、约翰·霍布金斯大学的科学技术史系、奥克拉荷马大学的科学史系、印第安纳大学的科学史与科学哲学系、宾夕法尼亚大学的科学史与科学社会学系、匹兹堡大学的科学史与科学哲学系；三个与科学史相关的系：康乃尔大学的科学技术研究系、伦斯勒理工学院的科学技术研究系、弗吉尼亚理工学院的社会中的科学技术系；授科学史学位的共五十七个大学，其中有二十一家授学士学位，包括哈佛大学、耶鲁大学、斯坦福大学、普林斯顿大学、约翰·霍布金斯大学、加州理工学院、布朗大学这样的名校。

二〇一七年五月成立的清华大学科学史系，其意义并不在于添加一个“面向中国古代”“分科治史”的研究教学机构，而是要重新认识科学史在中国当代的历史使命，回归科学史沟通科学与人文的桥梁功能，在本科通识教育中充分发挥作用。一方面，我们将重点发展西方科技史、中国近现代科技史两个研究方向，为中国人全面理解西方科学、为中国当代的科技政策制定和科学文化建设提供学术基础；另一方面，我们将大力建设科学史类的通识教育课程，争当清华通识教育的中坚力量。除了打造科学史类本科通识课程体系之外，我们也将启动科学史专业的本科生培养计划，既为本校跨文理的通识教育作贡献，也为科技史学科的研究生计划储备优质生源。[①]

同时加入C9联盟和大学通识教育十校联盟的五所大学清华、北大、复旦、浙大、南大均为国内著名的综合大学，理论上讲都应该拥有自己的科学史系，从而为本校的科学人文教育奠定制度基础。

科学史的通识课程建设

通识课程可以有两种典型类型，一种是概述性的导论课程，一种是专题性的讨论班。相应的科学史课程也有两种，前

① 2018年4月，清华大学教学委员会批准设立了中国现代史上的第一个“科学史”本科辅修专业。该专业从当年春季开始招生，从此结束了科学技术史学科在中国无本科生的历史。

一种的代表就是“科学通史”，后一种的代表就是“科学经典选读”。我们传统上前一种课程比较多，后一种课程近几年在崛起，主要是一些有海外留学背景的教师在推行。着眼于中国高校的实际情况，这两种课程看来都有必要。通论性课程的优点是，可以在有限的时间内最大限度地实现学生知识面的广博化，缺点是难以激发学生自主学习的热情，以教师讲授为主，学生参与不够。讨论班的优点是可以激发学生的学习积极性，但中国学生尚未形成基于文本阅读的讨论习惯，讨论班上经常有流于空谈的趋势，浪费时间，学习成效不大。

作为通识课程，专科史不如通史。萨顿强调，通史并不是比专科史更大的学科，只是它的着眼点与专科史不同。通史可以提供宏大连贯的历史线索，可以展现各学科之间的历史关联，可以揭示科学、技术与社会之间的复杂互动关系，因此特别适合做入门级的、导论性的科学史课程。由于中国中学教育过分的应试模式和文理分科模式，使得多数理科生缺乏历史学训练，多数文科生缺乏科学训练，文理之间的隔膜极其严重，只是为了纠正这个极端的缺陷，科学通史课程就是有必要的，当然是远远不够的。

我在北大讲授了十六年的“科学通史”，通常是两百人的大班上课。总的感觉，正面成就是让不少学生有眼睛一亮的感觉，那当然是因为他们过去的知识过于闭塞，不一定是因为课程讲得多么成功。不足之处是，仍然没有找到一种比较好的教学模式，以充分调动学生主动学习的积极性；小班讨论成效不高；合适的阅读材料也还没有编辑出来。现在的问题在于，国内开设“科学通史”的大学太少，授课教师之间无法建立起教学互助体系，未能就授课内容和授课方式做充分有效的沟通和研讨。加入了通识教育联盟的大学，除了北大，都没有把科学通史作为通识核心课程来建设。作为核心课程来建设的意思是，学校提供一定的经费，可以雇相当数量的研究生来当助教。只有一定数量的助教，才有可能在大班教学之外，同时组织小班讨论。

科学通史的教学只能针对文理过分分科起一种基本的纠偏作用。科学史为通识教育做的另一类贡献是科学经典阅读。不幸的是，由于我们的科技史界多年未在西方科技史上下功夫，我们对西方科学史上重要的科学家和经典著作均缺乏比较深入的研究，因此现在还少有在通识教育层面上开设科学经典著作选读的课程。个别科学经典选读课程往往是从专科史角度对自己的研究生开设的，要求有较高的专业门槛。我想，这个局面近几年会有所突破。清华科学史系将建设“科学经典选读课程系列”，从欧几里得《几何原本》、阿基米德的著作、托勒密《至大论》，到哥白尼《天球运行论》、开普勒《世界的和谐》、伽利略《两个世界体系的对话》、牛顿《自然哲学的数学原理》，都在计划之列。当然，首先要有精准合用的中译本，其次要有比较专业的科学史研究作为基础。

科学史学科建设几点意见*

关于科学史与其他学科的关系

我在最近的一篇文章①中提出了一个说法，把科学史与科学哲学的关系比成数学与物理学的关系。正像在自然科学的各领域，数学都充当着皇后的角色，科学史在诸多对科学进行“元”研究的学科（如科学哲学、科学社会学、科技政策、科研管理、科学传播、科学普及等）中，也起着皇后的角色。正

* 1999年10月17日在香山“共商科技史发展战略研讨会”上的发言。

① 吴国盛：《把科学技术哲学建设成为哲学学科》，《自然辩证法研究》1999年第10期。

像数学与物理学关系最密切一样，科学史与科学哲学比起科学史与其他学科的关系也是最密切的。大物理学家很多人对数学有贡献（如牛顿），大科学哲学家对科学史也有贡献，如库恩。

关于科学史学位设置

科学史如今是理学的一级学科（而自然辩证法才是哲学下面的二级学科），这全依赖科学史所诸位同仁的艰苦努力。这一学科设置为我国科学史学科的发展开辟了广阔的空间。但作为理学学科而非史学学科，科学史的二级学科很自然地按照理学一级学科来分科的设置（如数学史、物理学史、化学史、生物学史等），这样，科学史难以以整体面貌出现，萨顿所谓科学史的人文主义意义就显示不出来，科学史就不能发挥它整合科学与人文的桥梁作用。如若作为史学学科，其分类大体按照国别、地域、断代等方式划分（如中国、西方、东方、非洲、美洲等）二级学科，还应加上史学史和史学理论。当然学科的划分主要取决于学科发展现状，但学科设置又可以起到调整学科发展方向的作用。因此未来科学史学位设置应恢复科学史的史学性质，比如按历史学界习惯，称中国科学史与世界科学史，再加科学史理论（或科学编史学）等，构成二级学科。

关于科学史教学

在高校，科学史教学搞得不如它的兄弟学科“自然辩证法（科学技术哲学）”，首要原因在于后者是理科研究生的必修课。这个必修课制度养活了一个庞大的自然辩证法队伍。从教育部争取到这个必修课制度是中国自然辩证法研究会的功劳，它的意义与科学史所从国务院学位委员会争取到一级学科同样重要。但目前看来，必修课制度并没有对自然辩证法的学科建设起积极的促进作用，所以我在许多场合下呼吁，自然辩证法必修课要做适当改革。首先，要有一个态度的转变，要逐渐把自然辩证法由必修政治课过渡到必修素质教育课、通才教育课；其次，要把单门必修课换成科学史、科学哲学、技术哲学、科学社会学等“科学人文类”课程的限制性选修课。将单门必修课改成限制性选修课，将促进科学技术哲学的学科建设。如果这一改革能够成功推行，科学史将进入高校的必修课（限选课）行列。

上述必修课改革提议还只涉及理工农医的研究生，实际上，这一改革方案适合于全方位推行，即不管文理、不管本科还是研究生，都要有一个限制性的“科学人文类”选修课制度。因此，我建议：

科学史所、科技史学会与中国自然辩证法研究会联合向教育部提出这个“在全国高校设立科学人文类限制性选修课程”的提案。很显然，科学史在其中将占据首位。

在教育部发布全国性的行政命令之前，有条件的高校可以自行开设科学史选修课程，并逐步在本校实行限选制度。我本人准备在北大每隔两年开一次科学通史课程，等开出效果来了，再适时敦促校方把科学史列为素质教育课程的必修课，就像美育（艺术）类课程一样。

科学史界并未注意研究和宣传科学史课程在通才教育、素质教育中的作用，科学史的教育功能远未被普遍意识到。

关于科学史研究

高校的科学史教学的不足，反映的也是科学史研究方面的缺陷。我们目前的科学史研究重心在中国古代，这一部分成果显赫，但对西方的研究是不够的。然而，要想在高校素质教育中发挥作用，西方科学史是不可缺少的，也许还要起主要作用。此外，科学史作为自然科学与人文学科的桥梁，应该对中国当代文化建设发挥强有力的作用，而中国当代的科技文化基本上属于西方传统。因此，就打开我国科学史研究的局面，使科学史能够在整个文化建设中起辐射作用而言，西方科学史的研究必须提上日程了。到目前为止，学界认可的中文科学史著作依然还是十多年前的丹皮尔和梅森。我的《科学的历程》本来只是一本读者不确定的通俗读物，但现在据说被用作大学甚至研究生的科学史教材，可见我们非常缺乏合适的科学史教材。我一直有一个想法，花十年时间，依照一二手资料，编写出一部多卷本的《西方科学史》，使我们的科学史教学有一个比较可靠的本子为依据，而不至于东抄西抄，许多史实真假莫辨。但这件事情要搞成，需要相当的动员力才行。科学史所是否可以考虑牵头搞钱招人。在这个多卷本之前，为了适应教学的急需，我本人计划在近五年内，先认真编写出一个大学本科用的《科学通史》教材来，至少把这个领域的文献情况摸清楚。

关于扩大科学史的社会影响

每一门学科的发展既需要一批专家皓首穷经，埋头于象牙塔中钻研，也需要来自社会的广泛支持。不同的学科，来自社会支持的可能性和方式是不同的。像许多社会科学学科如经济学、法学、社会学等，直接服务于社会经济生活，其社会支持的力度和方式是可以想见的。而人文学科并不或很少直接服务于社会经济生活，它们与社会发生联系通常是在人文教化领域。科学史作为一门人文学科，它的社会影响除了教育部门外还有一个广大的领域我称之为“科学（技术）传播业”，从业人员包括报纸、刊物、电台、电视台、出版社的科技记者和科技编辑，图书馆和博物馆与科技图书和科技文物打交道的工作人员，旅游部门的导游，各级科技政策的制定者和科技管理人员，各级科普领导者和科普作家等等。科学史进入高校诚然是扩大科学史之社会影响的重要方面，同样，科学传播业对扩大科学史的社会影响也许还会发挥更大的作用，要充分重视这个巨大的社会力量。如何更好地利用这个社会力量呢？我建议第一个科学史系上海交大科学史系以及以后成立的科学史都设立“科学传播学”专业，并且招收本科生和研究生，这些专业的毕业生将对口分配到科学传播行业。随着这个专业的壮大，应逐步敦促有关部门（如国家科委、新闻出版署、文化部、旅游局等）制定强制性规范，要求科学传播业的从业人员必须受过科学史训练。

走向西方近代早期科学史研究*

借着庆祝科学史所成立五十周年的机会，我愿意再次表达对中国科技史学科未来发展方向的预期和希望。那就是，科学史学科应该由理学学科走向史学学科。

把科技史看成是理学学科，是特定历史条件下的产物，也许在今天依然有其积极意义。但它只表达了科技史学科不成熟时期的特征，即依附于各门自然科学，尚未取得自己的独立性、自主性。科学史学科的创始人萨顿从一开始就非常明确地

---

* 2007年8月18日在中国科学院自然科学史研究所主办的“科学技术史学科建设与发展研讨会”上的发言。

主张科学史学科的自主性，提出只有分科史不是真正独立的科学史，唯有综合史才标志着科学史学科的出现。分科史往往是依附于自然科学，而综合史才是独立自主的史学。就此而言，就史学属性之自觉而言，就研究纲领的成熟而言，就学科建制而言，中国的科学史界与国际科学史界有半个世纪的滞后。正好在五十年前，在美国的威斯康星大学召开过一次非常著名的会议，会后出版了会议文集《科学史中的关键问题》（Critical Problems in the History of Science），这本书中所记载的问题，特别是思想史纲领与社会史纲领的对立和互补，显示了经过此前二十多年的发展西方科学史界对于本学科所达成的认识，也影响了此后科学史学科的发展走向。也许直到今天，中国科学史界提出再建制化的口号时，才有可能重新认识科学史学科的性质。我想，随着时间的推移，中国的科学技术史会慢慢显示它的史学学科性质：中国古代科技史是一个学术共同体，中国近代现代科技史是另一个学术共同体，西方或世界科技史是第三个学术共同体，各个共同体有各自比较共同的研究课题、研究方法甚至研究风格，有比较多的共同语言。其实，将来的科学技术史学科还是要走划分二级学科的道路，只是不应该以分科史来划分，而是要以研究对象不同的时空定位来分，比如设中国古代科技史、中国近现代科技史、世界科技史，也许还可以设科技考古、科学史理论等。这是科技史学科走入正轨的必由之路。

为什么要走向西方近代早期科学史研究

为什么要走向西方近代早期科学史研究？先要讲一讲走向西方科学史研究的意义。过去五十年来，在中国，一说到“科学技术史”研究，指的往往就是“中国古代科学技术史”研究，但同行们都会承认，即使你是研究中国古代科技史的，你都有必要学习西方科技史。反之则不然：如果你是搞西方科技史的，则不一定要学习中国古代。这又是为什么呢？原因是，科学是一个来自西方的东西：我们今天搞的科学都是西方的科学，我们今天之所以重视中国古代科技史，也是因为我们今天在搞来自西方的科学造成的。西方的科学实际上是我们的潜在参照系，不管你是否意识到这一点。我们搞中国古代科技史，或者是为了顺从，或者是为了对抗，或者是为了补充，总之，我们的潜意识里都是把西方科学作为参考系。为什么会这样呢？这是因为，西方文化特别是其中的西方科学，已经被现代中国人接受为“现代”的普遍标准，也就是说，西方科学不只是西方人的事情，也是我们“现代”中国人的事情。不了解西方科学，就不能真正理解“现代”中国社会的构成本质和“现代”中国人的存在方式。就此而言，研究西方科学史，不只是在研究“他们”的东西，也是在研究“我们”的东西。

一门学科的发展并不完全是，或者说常常不是，按照该门学科的内在逻辑进行的，相反，往往是与特定的历史条件相关联的。有两个条件特别会决定一门学科的走向：一是社会需求，一是大师的取向。由于有马克思主义意识形态的需要，由于有于光远，所以就有中国自然辩证法（科技哲学）这个学科。由于有爱国主义意识形态的需要，由于有竺可桢、李俨、钱宝琮、钱临照这些大师们对于中国古代科技史的热爱，于是，中国的科技史学科走上了以研究中国古代科技史为主要内容的道路。今天，社会需求发生了一些变化。随着中国科技兴国国策的实施，如何掌握现代科技的发展规律以及科技对社会的促进规律成为问题；随着中国综合国力的大幅提升，复兴中国文化的呼声日高；随着资源与环境问题日益严峻，反省中国现代化道路的呼声日高；搞清楚究竟什么是现代化，究竟什么是科学，成了今天日益强烈的社会需求。这样的社会需求，就为我们大规模开展西方科学史的研究，准备了充分的外部条件。

大规模开展西方科学史的研究，首先要从西方近代早期（Early Modern）科学史的研究开始。这有两方面的理由。第一个理由，中国人所谓科学通常指西方现代科学，而西方现代科学是在近代早期的欧洲诞生的，也就是说，近代早期即现代科学的“起源”时期。追根溯源是历史研究的基本任务，研究西方现代科学的起源更是西方科学史的基本任务。

第二个理由，西方近代早期恰恰也是西方科学史界在过去半个多世纪中取得成就最大的研究领域。这个所谓“科学革命”时期，吸引了西方科学史界一批最杰出的科学史家，围绕这个时期，构建了几大最有影响力的编史纲领，产出了一批经典研究著作。如果我们今天要大规模开展西方科学史的研究，最好的办法就是从研究西方近代早期开始，因为从这里，我们可以学到西方科学史界最优秀的成就。

西方科学史界关于近代早期的研究概述

“近代早期”并非从来就是热门领域。科学史学科的创始人乔治·萨顿就没有把自己的主要精力投入这上面来。他的皇皇巨著《科学史导论》只写到了十四世纪。近代早期成为热门领域大约从二十世纪三十年代开始，特别是二战之后，科学史家更多把眼光移到了这个被称为“科学革命”的时期。关于这个主题的研究文献汗牛充栋，无法详尽描述，这里只简要地提一下两大研究纲领和三个亚纲领。两大研究纲领是社会史（social history）和思想史（intellectual history），三个亚纲领是化学论史（chemical history）、社会建构论(social constructionist history)、女性主义史（femalist history）。

科学社会史纲领有两个来源，一个是马克思主义传统，一个是默顿传统。一九三一年在伦敦召开第二届国际科学史大会，苏联科学史家赫森（Boris Hessen, 1893—1938）在会上宣读的《牛顿〈原理〉》的社会经济根源》一文引起了与会代表的强烈反响，这篇现在看来比较粗糙而教条的文章，却给国际科学史界带来了新鲜的东西，让人眼前一亮。赫森的文章以及苏联代表团的其他文章结集为《十字路口的科学》（Science at the crossroads），由代表团团长布哈林主编，在科学史界刮起了一阵马克思主义的旋风，对剑桥的左派科学家和科学史家有极大的影响。受影响的科学家中比较有名的有大家最熟悉的李约瑟，还有一位值得一提的就是贝尔纳（John Bernal, 1901—1971）。他的《历史上的科学》和《科学的社会功能》广为人知。默顿传统是由默顿（Robert Merton, 1910—2003）本人开创的对科学家群体和科学制度进行社会学研究的传统，以他在萨顿指导下做的博士论文《十七世纪英格兰的科学技术与社会》（1935）在《奥斯瑞斯》（Osiris）上的出版为标志。总起来说，科学社会史纲领主张技术的进步与社会经济的发展构成了科学发展的主要动力，恩格斯的名言“社会一旦有技术上的需要，则这种需要就会比十所大学更能把科学推向前进”，大家都是耳熟能详。因此，他们比较重视研究科学发展的社会历史和经济背景，重视研究技术史和工业史；在研究方法方面，重视运用自然科学的数据统计方法以及社会学分析的方法。贝尔纳及其同道者后来与苏联东欧学者一起创立了科学学，即用自然科学的方法，实际上是数理统计的方法，来研究自然科学本身的发展规律。默顿学派则创立了科学社会学。这个学派的科学社会学放弃了对科学知识的社会学分析，重点研究科学共同体的社会运作模式。总的来讲，科学社会史纲领的中兴之地就是近代早期。

科学思想史纲领，国内也有人译成科学智识史，意思不错，但念起来有点别扭。还有人译成科学智力史，这肯定有问题。Intellectual是相对于social而言的，前者指的是科学的知识内容、理念理路、思想脉络，后者指的是科学的制度构架、社会运作、外部互动。过去也分别称为内史和外史，其实并不准确。科学思想史学派的科学史家，并非只研究专科史中的科学内容，相反，他们越出了学科范围，寻找科学概念的发展与同时代的哲学史、宗教思想史和社会思想史的关联。如果说他们是内史，那也指的是他们坚守住科学观念的内在发展这个线索，而不是指狭隘地专攻内容史。

科学思想史纲领的出现与科学史学科成长过程中大量哲学家、哲学史家的介入有关，特别与法国的科学史传统有关。它的主要开创者是柯瓦雷（A. Koyre,1892—1964）。柯瓦雷本人的学术背景更多是哲学史、宗教史，他曾经师从希尔伯特、胡塞尔、柏格森、布伦舒维克，在俄罗斯思想史和宗教思想史领域以及现象学领域都有所建树，但后来成了科学思想史纲领的旗手。一九三九年，他出版了《伽利略研究》（Etudes galileennes），以对原始文献的条分缕析和对概念演变的深刻洞察，引起了二战后一代科学史家的重点关注。科学思想史纲领，大体说来，主张观念的内在变革而非技术革新或经济发展的需求才是科学革命的主要动力；把力学、光学、天文学、数学等数理科学作为科学革命的主线和主战场；以概念分析与原始文本分析作为主要的编史方法；注重对哥白尼、开普勒、伽利略和牛顿等伟人的研究。柯瓦雷二战时被戴高乐派到美国进行游说，战后成为普林斯顿高等研究院的研究员，在美国科学史界有很大的影响。他本人获得了一九六一年的萨顿奖章。受他影响的有一批杰出的科学史家，比如柯恩（I.B.Cohen,1914—2003），萨顿的博士生，哈佛大学的科学史教授，研究科学革命特别是牛顿，是一九七四年的萨顿奖获得者；克拉基特（M. Clagett,1916—2005），研究中世纪的力学史，威斯康星的科学史教授，是一九八〇年的萨顿奖获得者；吉利斯皮（C.Gillispie,1918—2015），研究地学思想史以及十八世纪的科学思想，普林斯顿的科学史教授，是一九八四年的萨奖获得者；英国的霍尔夫妇（Maria Boas Hall,1919—2009，A.R.Hall,1920—2009），妻子研究科学革命史特别是波义耳和皇家学会，丈夫研究科学革命史特别是牛顿，他们夫妇共同获得一九八一年的萨顿奖章。男霍尔还就科学革命的原动力问题与赫森派和默顿本人先后有过论争，坚定地捍卫柯瓦雷的立场和纲领。受柯瓦雷影响的还有库恩（T.Kuhn,1922—1996），研究哥白尼革命以及提出声名卓著的“科学革命的结构”理论，他是一九八二年的萨顿奖得主。所有这些人，都是五六十年代科学史界的重要人物，影响和代表了科学史界的最新最出色的成就。七十年代后期由剑桥出版社陆续出版的由最有名的科学史家撰写、面向大学生读者的通俗本科学史读物《剑桥科学史研究丛书》，基本上都属于科学思想史纲领。

社会史和思想史两大纲领经过后学们的学习、演练和修正，那些具体的主张一部分被拒绝，一部分被采纳但渗透进了研究者的研究方式之中，消弭于无形。像“回到原始文本”“回到历史语境”这些反辉格式的编史方法，已经成为整个科学史共同体的共识。因此，纲领慢慢变成了研究和透视近代早期科学史的两个基本平台。在这两个平台之上，新的纲领不断生成出来，但还没有脱离这两个平台，因此称为亚纲领。

化学论纲领是对柯瓦雷纲领的修正。其代表人物可以举老一点的佩格尔（Walter Pagel,1898—1983），一九七〇年的萨顿奖得主，以及年轻一点的狄博斯（Allen G.Debus,1926—2009），一九九四年的萨顿奖获得者为例。他们主要强调炼金术、化学、神秘主义文献在科学革命中的作用，以研究帕拉塞尔苏斯、赫尔蒙特、哈维、作为炼金术手稿之作者的牛顿等著称。按照柯瓦雷的纲领，科学革命的主线在数理科学。柯瓦雷本人曾经就认为牛顿的炼金术手稿对于理解牛顿是不必要的。化学论也主张要从原始文献中复原历史真相，也主张科学革命的本质在于观念革命，这些与思想史纲领是一致的，但是，他们反对柯瓦雷的数理主线论，强调化学和生命科学在科学革命中的重要性。

社会建构论纲领是对社会史纲领的进一步发展。赫森等苏联科学史家冒进的主张虽有启发性，但很难结出真正的果实，后来转往科学学进行发展。默顿的主要精力也投入到科学社会学的学科建设之中。五十年代之后，社会史纲领没有出现多少杰出的编史成果。七十年代以来，科学社会史平台上活跃人物日益增多，成果日益丰硕。特别是八十年代以来，科学知识社会学（Sociology of Scientific Knowledge, SSK）以其冒进的理论主张，再次吸引了人们的注意力。且不论他们的哲学主张是否以及多大程度上被科学史家接受，他们所主张的微观研究、原始文本研究、田野人类学研究（如实验室研究）的方法，确实吸引了一大批科学史的编史实践者。SSK在科学史界的主要代表人物夏平（Steven Shapin,1943—）二〇〇四年加入哈佛大学科学史系，在我看来至少对中国科学史界来说具有象征意义，表明SSK在科学史界早已摆脱异端或另类的形象。从最近陆续出版的多卷本《剑桥科学史》来看，注重微观研究、回避宏大叙事的SSK风格随处可见。夏平写过一本《科学革命》，但完全是想解构"科学革命"这个历史叙事模式，这本书非常有影响。SSK的方法就是不断用高倍的放大镜去观看历史，通过不断深入历史的细节，让宏大叙事消失，就像在放大镜底下，蒙娜丽莎的微笑不见了，只剩下一些颜色色块和画布纤维。

女性主义纲领是另一个亚纲领。它强调女性隐喻作为历史叙事的主线，强调科学革命时期的神秘主义文献和有机自然观的重要性。代表作有麦茜特（C. Merchant，1936—）的《自然之死》。中国人对女性主义不太理解、不太重视，但在西方国家，女性主义非常有影响，几乎表现在人文学术研究的一切方面。在科学史里，除了近代早期之外，其他方面也都有影响。

国内的研究概况

国内关于西方科学史的“学习”一直都有较好的传统，特别在高校，特别在自然辩证法界，都比较自觉，但是“研究”传统比较缺乏。也许可以说，我国的绝大多数西方科学史研究文章长期达不到专业水平。有两个原因，一是没有专业队伍，二是对西方的科学史研究工作翻译介绍不够。

由于以科学史所为代表的中国科技史界主要力量都在中国古代，西方科技史方向长时期没有自己的专业队伍。八十年代开始研究西方近现代科技史，但主要力量也投在了二十世纪，近代早期几乎没有专业人员。大多数西方科技史的著述由自然辩证法（科技哲学）界人士或科普写作界人士完成，他们在传播方面或许是有贡献的，但研究水平应该属业余。

本来，业余人员也可以做出专业水平，但由于对西方科技史界的研究成果翻译介绍不够，中国的西方科学史研究无法有一个较高的起点。西方科学史的教学主要依靠丹皮尔的《科学史》（英文1948年版）和梅森的《自然科学史》（英文1970年版）两部通史，以及若干五六十年代以前出版的专科史，如斯特洛伊克的《数学简史》（英文1948年版）、卡约里的《物理学史》（英文1928年版）、劳厄的《物理学史》（德文1950年版）、柏廷顿的《化学简史》（英文1957年版）、伏古勒尔的《天文学简史》（法文1951年版）等。八十年代正是思想解放运动如火如荼的时候，各种西学蜂拥而至，科学哲学著作翻译引进很多，库恩、波普尔、拉卡托斯、费耶阿本德的著作都有译介。然而，五十年代以来西方科学史界的优秀成果翻译介绍得很少（也许哈佛的两位当时在世的科学史教授柯恩和霍尔顿是例外）。直到九十年代，国内对柯瓦雷还没有任何译介文字。在国际科学史界声名显赫的思想史纲领在国内似乎闻所未闻，以致于中国的科学史著作只能靠自己的想象来理解思想史的含义。

具体到近代早期，马克思主义的编史纲领本应有相当市场。贝尔纳的著作《历史上的科学》和《科学的社会功能》先后于一九五九年和一九八二年被译成中文出版，但赫森的《牛顿原理的社会经济根源》虽然在一九三六年有过一个译本，但已经很难找到，而且没有像其他重要的著作那样有新译本或重印本，《十字路口的科学》也没有中译本。

九十年代之后，科技史专业的研究生以及科技哲学专业有科学史情结的研究生毕业后，或者进入出版界，或者在出版界开始有影响力，为西方科学史的翻译出版提供了有利条件。零星的单本出版不提，择几套影响较大的丛书提一下：

二十世纪八十至九十年代华夏出版社出版的“二十世纪文库”中有巴特菲尔德的《近代科学的起源》（张丽萍等译）、萨顿的《科学史和新人文主义》（陈恒六等译）、柯林武德的《自然的观念》（吴国盛等译）。

一九九四年四川教育出版社出版的“科学思想文库”中有伯特的《近代物理科学的形而上学基础》（徐向东译）、译文集《科学思想史指南》（吴国盛编）。

九十年代商务印书馆的汉译名著丛书中有怀特海的《科学与近代世界》（何钦译）、丹皮尔的《科学史》（李珩译）、沃尔夫的《十六、十七世纪科学、技术和哲学史》（周昌忠等译）、沃尔夫的《十八世纪科学、技术和哲学史》（周昌忠等译）、默顿的《十七世纪英格兰的科学、技术与社会》（范岱年等译）。

一九九九到二〇〇二年江西教育出版社的“三思文库·科学史经典系列”中有鲍勒的《进化思想史》（田名译）、科恩的《牛顿革命》（颜锋等译）、吉利思俾的《〈创世纪〉与地质学》（杨静一译）、夏平的《真理的社会史》（赵万里等译）、诺夫乔伊的《存在巨链》（张传有等译）、柯依列的

《伽利略研究》（李艳平等译）。

二〇〇〇年复旦大学出版社的“剑桥科学史丛书”从剑桥大学出版社整体引进，全部十一种，包括格兰特的《中世纪的物理科学思想》（郝刘祥译）、狄博斯的《文艺复兴时期的人与自然》（周雁翎译）、韦斯特福尔的《近代科学的建构》（彭万华译）、汉金斯的《科学与启蒙运动》（任定成等译）、科尔曼的《19世纪的生物学与人学》（严晴燕译）、哈曼的《19世纪物理学概念的发展》（龚少明译）、拜纳姆的《19世纪医学科学史》（曹珍芬译）、艾伦的《20世纪的生命科学史》（田名译）、巴萨拉的《技术发展简史》（周光发译）、格雷厄姆的《俄罗斯和苏联科学简史》（叶式辉等译）、布鲁克的《科学与宗教》（苏贤贵译）。

二〇〇〇年河北科技出版社的“鸟瞰科学丛书”中有普赖斯的《巴比伦以来的科学》（任元彪译）、狄博斯的《科学与历史》（任定成等译）。

二〇〇三年北京大学出版社的“北京大学科技哲学丛书”中有库恩的《哥白尼革命》（吴国盛等译）、柯瓦雷的《从封闭世界到无限宇宙》（邬波涛等译）、柯瓦雷的《牛顿研究》（张卜天译）、柯瓦雷的《伽利略研究》（刘胜利译）、伯特的《近代物理科学的形而上学基础》（徐向东译）、克拉夫的《科学史学导论》（任定成译）。

二〇〇四年上海科技教育出版社的“哲人石丛书·科

学史与科学文化系列”中有夏平的《科学革命》（徐国强等译）、劳埃德的《早期希腊科学》（孙小淳译）、舒特的《寻求哲人石》（李文潮等译）。

在研究论文方面，任定成、袁江洋以及他们的研究生译介了较多的化学论学派的工作，刘兵及其学生译介了较多的女性主义科学史的工作，孙永平和我本人以及我们的学生译介了较多的柯瓦雷学派的工作。但总的来看，我们的研究工作才刚刚起步，对西方科学史界已经取得的成就的翻译介绍既不全面也不深入。

我的思路和计划

走向西方近代早期科学史研究，只能是“从我做起，从现在做起”。目前国家没有对西方科学史的研究进行规划和资助，只能是让那些认为此类研究有价值的人自己先干起来。我是从研究西方宇宙论思想史进入科学思想史的领域。过去二十年，除了科学哲学和技术哲学的研究之外，对一些自然科学（哲学）基本概念的历史有兴趣，比如宇宙概念、自然概念、时间概念、空间概念。这些兴趣既属于自然哲学，也属于科学思想史。我的《希腊空间概念的发展》（1994）和《时间的观念》（1996）两本书可以算是初步的成果。一九九九年回到北大之后，我把科学思想史作为我招收研究生的两大方向之一。目前这个方向已经完成的博士论文有《钱伯斯与前达尔文进化思想研究》（杨海燕）、《海森堡事件及其背景研究》（邬波涛）、《亨利·摩尔的自然哲学》（田径）。近几年，我们的主攻方向逐渐向西方近代早期以及中世纪和古典希腊收缩。计划的第一步是翻译柯瓦雷和库恩等科学思想史名家的著作，在翻译中学习。译本已经陆续收入“北京大学科技史与科技哲学丛书”。我们目前还在做另一件比较大的翻译工作，那就是负责正在陆续翻译出版的八卷本《剑桥科学史》（大象出版社出版）的前三卷（古代卷、中世纪卷、近代早期卷）。这三卷正好是我们计划中的主攻方向。通过这三卷的翻译，我们可以摸清“战场”情况，熟悉地形，为今后的深入研究打下基础。

科学精神的起源*

各位同事、各位同学，很高兴成为清华“长聘教授讲坛”第一讲的开讲人。我想，让一个人文学院的教授来开讲，是有象征意义的。这体现了我们清华更创新、更国际、更人文这一全新的办校理念。

我本人从事科学史、科学哲学研究工作，多少年来思考最多的问题是：什么是科学？这个问题对中国人来讲具有格外重要的含义。为什么？第一，科学不是中国文化土生土长的东西，它是舶来品，因此中国人民对科学的理解，难免带有自己

---

* 在2016年10月14日上午“清华大学长聘教授讲坛”首讲上的讲演。

传统文化很浓厚的痕迹，这个传统文化痕迹的影响使得我们可能偏离对科学本身的理解。比如说，在我们传统文化里，知识的地位向来更多携带功利主义色彩、实利主义色彩、工具主义色彩。过去我们说知识分子是毛，附在皮上。皮之不存，毛将焉附，传统文化对知识本身总是怀有一种过分功利的看法。你学好了知识之后干什么呢，就能为国效劳。学成文武艺，货与帝王家嘛。读书为了什么，学而优则仕。当然，学而优则仕并不一定是坏事情，在古代社会这是一种制度安排，让优秀者、有知识者为国效劳。但是知识本身怎么样呢？我们对知识本身态度是模糊的，我们不知道知识本身意味着什么，我们心目中的知识都是工具论意义上的。学好了知识可以成为晋升之阶，可以作为敲门砖，但是知识本身怎么样我们文化里没有提到。

因此我们的文化在说到知识时总是把它放在第二位。德智体全面发展，德为先，知为二；德艺双馨，德在第一；又红又专，红在第一位。我们更多的是从功利主义考虑知识考虑科学的，这是我们第一个欠缺。

第二，中国人对科学的理解，受制于我们引进西方科学的时机。中国文化本来对西方文化没有什么特别的好感和需求，第一次西学东渐的时候，来华传教士带来了西方的科学，但是我们仅仅把它当成好玩儿的东西用一用，后来发现不怎么好玩儿，就算了。所以第一次西学东渐无疾而终。

第二次西学东渐，一八四〇年以后，真正把科学带过来了，因为这次在中西文化碰撞的过程中，中国文化普遍面临危机。后果就是，我们感觉自己不如人家。为什么？首先是技不如人，打不过人家。打不过人家的突出表现就是我们的船不行、炮不行，所以西方文化给我们最初的印象是坚船利炮。为了改变落后挨打的局面，需要向西方学习，“师夷长技以制夷”。所以在我们心目中，西方的科学首先是作为“夷之长技”出现的。最早一批学习西学的人都是去学造船、造枪、造炮，出去以后发现光学手艺不够，要学它背后的东西。什么呢？就是科学。这样的历史遭遇给我们带来的后果之一，就是中国长期以来科、技不分。我们一说科学很容易说成科技。刚才汪老师介绍了，我们清华要建科学史系。有的老师问，我们是叫科技史系还是叫科学史系呢？我说：叫科学史系，因为我们中国人最缺这部分。科学是什么？我们提到这个问题总会跳到科技是什么。科技就是技术。技术是什么？技术是生产力，这是我们很容易理解的。所以，中国人理解科学的时候，总是把什么是科学的问题躲避过去了。什么原因？我认为这与传统文化的因素，以及我们近代接触西学的时机都有关系。我们一说到科学就想到生产力，想到有什么作用，能不能帮助我们抵御外敌的入侵，能不能帮助我们解决国计民生的大问题。所以我们对科学的看法仍然带有浓郁的传统文化对待一般知识的看法。我认为这个问题，什么是科学的问题，就我的理解而言，始终没有成为一个问题进入中国人民的视野当中。好像理所当然的，我们学科学为了什么？我们学科学为了救国、为了科教兴国，为了把我们国家建设成屹立于世界民族之林的大国，为了提高我们人民的生活水平。至于科学本身是什么，很少人会追问。

如果说过去一百多年来中国人民遭遇了很多紧迫的问题，在解决紧迫问题的时候，以这种态度看待科学也没有什么大毛病。现在，中华民族要实现自己伟大复兴的理想，要引领世界文明的走向，这个时候如果还采用功利主义、工具主义、实利主义科学观的话，那直接后果就是我们科学原创性不够，我们科学行之不远，不可持续发展；而我们对科学引发的潜在后果也难以觉察。所以，我认为在今天这样一个新的历史时期，什么是科学的问题真的应该浮出水面，进入中国文理科学者的视野。今天，我愿意跟大家一起分享一下关于这个问题的初步想法。当然这是一个很大的问题，今天我只谈起源问题。

爱因斯坦有一句很著名的话：西方科学有两个来源，第一个是希腊人创造的以欧几里得《几何原本》为代表的演绎科学；第二个是文艺复兴时期出现的实验精神。所以我们说科学精神有两支，一支是演绎精神，一支是实验精神。今天时间有限，就讲演绎精神的起源。大家知道演绎科学的出现是人类文明中极为独特的发展，在世界各民族中，无论历史多么悠久，无论国家实力多么强大，统统都没有出现过演绎科学。演绎科学是古希腊人民独特的创造。为什么在古希腊地区会出现演绎科学，什么叫演绎科学，为什么演绎的精神成了科学精神最悠久、最深远的来源？

亚里士多德在《形而上学》第一卷开篇谈到三类知识，他认为最基本的知识是经验知识，动物都有经验，但是经验不可传递，所以是知其然不知其所以然的知识。亚里士多德认为比经验更高的知识叫技艺或者技术，这一类知识就是有点类似于中国人心目中的理论知识，比经验知识更加普遍化，它能够沟通、能够学习。但是，亚里士多德说这两类知识都还不是真正的科学，他提出第三类叫科学的知识。这类知识什么意思？首先是超越功利。经验也好、技艺也好，统统都是有实际目的、有实际用途的，只有一类知识没有功利目的，完全为着自身的目的而存在的，叫做科学。在我们中国人的知识谱系里有前两者，我们有经验知识、理论知识，在我们看来一切知识首先来源于经验，然后对经验进行归纳、总结、提升、一般化，然后构造出理论，理论反过来为实践服务，这是中国人一般的看法。但是在我们知识谱系里始终缺乏这第三个类别，就是科学。这是一种什么样类别的知识呢？亚里士多德说，被我们称为科学的这类知识，必须首先是为了自身的目的存在的，不是为了任何别的目的存在。所以希腊科学的第一个特点叫做“为自己的学术”，是自己为自己而存在的。

在我们中国要是问一个孩子为什么念书？一般有远大目标的孩子会回答说，为振兴中华读书，讲得很好。差一点的也会说，为孝顺父母读书，为光宗耀祖读书，为将来混口饭吃读书。但是很少有孩子说我就是喜欢读书。如果有孩子这么回答，那家长、老师会跟他说：你这样说水平不高，你得有个更高的目标。那读书本身为什么不是目标？因为我们文化里没有为读书而读书的要素。希腊人强调真正的科学是为了自身目的存在的，所以他有所谓的为学术而学术、为科学而科学、为知识而知识。所以，真正的科学的第一个特点是超功利的，是没有用的。如果你对一个科学上的大家说，请问你这个东西有什么用，他会很不高兴。事实上，欧几里得流传下来的少数传说里，有个传说就是，有个学生在学了几天几何学之后问欧几里得，老师你这个东西究竟有什么用啊？据说脾气很好的欧几里得勃然大怒，说你在骂谁呢，我怎么会教你有用的东西？我教给你的都是完全无用的东西，正因为是无用的才是真正高贵的。为什么呢？因为任何有用的东西最终都会把自己消散在那个“用”之中，等到没有用了你就废了，而真正高贵的是为了自己的目的而存在的，这类知识才是最高贵的知识。所以希腊人高标特立的强调，科学之所以是科学，首先在于它是为自身的目的而存在的，它是没有用的。我们看到在希腊学术里有很多很奇葩的现象，当年做的很多事情当时毫无用处，但是过了很久发现有大用。比如说希腊人最喜欢做的圆锥曲线研究，当时毫无用处，因为自然界里好像见不到圆锥曲线。圆当然有，椭圆、抛物线、双曲线当时见不到，但是以阿波罗尼为代表的希腊数学家对圆锥曲线精湛的研究后面都用上了，比如伽利略发现的抛物体运动是抛物线，开普勒发现行星运动的轨道是一个椭圆，这也是在尝试过很多次曲线之后利用阿波罗尼的工作，发现椭圆才是最合适的。所以这个工作表明什么？希腊伟大的探索当时没有什么眼前的效果，但是能影响一两千年之后的事情，难道不是人类伟大精神的突出表现吗？所以希腊人高标特立地宣布科学之所以科学在于它是无功利的、无用的，这一点是特别重要的，当然不是它最后没有用，是说它的动机是无用之学。希腊科学带有很强的超功利性。

一种超功利的，也就是说斩断它的经验来源的科学，如何构建起来呢？这是我们要讲的希腊科学的第二个特点。希腊科学是一种称之为内在性的学问。什么叫内在性学问呢？就是自己决定自己，自己作为出发点，自己作为目标，自己为自己立法，自己为自己开辟道路。所以我们研究西学这点要掌握，就是这个“自己性”。从希腊开始的科学性思维方式，始终着眼于自己性。理性为自己立法，不是从外面立法。这种自立、自足、自主的、以自己作为核心的思想方式，也是全世界各民族从来没有过的。希腊人完全是独特的。这种自己为自己设定目标、理想和路径的思维方式是怎么形成的呢？我们知道希腊科学有几个非常典型的学科，一个是数学，一个是哲学，一个是逻辑学。我们说演绎数学、体系哲学、形式逻辑，是希腊人民贡献给人类最伟大的财富。这三样学科里面都充分地表达了所谓“自己为自己立法”的科学精神，我们举形式逻辑为例。

形式逻辑为什么成了放之四海而皆准的东西，让你每个人只要读懂了这个意思，不得不佩服、不得不承认事情就是如此，就必须这样，它具有铁的必然性。这个铁的必然性，源于它是自己为自己做主，自己内在包含着这个东西。比如我们任何经验之事、归纳之事都是有限度的，都是相对的、可错的。比如外面天气怎么样？不怎么样，可是也许风刮过来以后天气还不错。所以关于外面天气的知识就不能是准确、确定、永恒的东西；外面出太阳还是下雨，你说很可能出太阳，只是暂时对的，你说下雨也可能是暂时对的。那么知识应该怎么构建呢？任何关于外面天气的种种陈述在希腊人看来都不是知识，只是意见。希腊人明确区别知识和意见：意见是不确定的，是暂时的，是相对的，是可变的；而知识是永恒的，是固定的，是确定的，是必然的，是不变的。那这样的知识怎么可能呢？世界上哪有这样的知识？有的。要说外面的天气情况，最永恒确定的说法是：外面下雨或者不下雨。可是，这不是废话吗？是啊，是废话。可是那个被我们称之为废话的东西恰恰是具有恒真的特点。恒真，恰恰是希腊的理性科学所追求的。希腊的形式逻辑在我们看来，好像讲的都是废话。

典型的形式逻辑是三段论：大前提、小前提、结论。大前提：所有人都会死，小前提：苏格拉底是个人，结论：苏格拉底会死。这好像没有什么意思，没有信息量。是的，貌似没有信息量。为什么呢？因为结论蕴含在大前提之中。蕴含什么意思？蕴含是说我要说的话事先已经包含了，因此它在我自己之中，这样的知识才是为自己的知识，才是恒真的。

什么是理性？理性就是保真推理。哲学上讲理性的定义是：由一个真的命题推出另外一个真的命题的能力叫做理性。在三段论面前，任何人，只要是人，就会认为是对的。那么请问是什么导致你认为是对的？当然你自己首先必须是有理性的。如果有人居然说三段论是错的，我们会说你丧失理性了，你是非理性的，你疯了，你不是人。但是只要你是正常的，你是理性的，你就会承认。所以理性之所以成为理性在于它是对真理的保真推理，这个保真推理的原因在于，这个推理借助了自己性的概念，就是结论是包含在这个前提之中的。可是问题在于，照你这么说来逻辑知识怎么会有信息量呢？毕竟我们获得新知识是为了获得新的信息。这是一个非常伟大的秘密。

为什么从“废话”中能够导出许多在我们看来新鲜的东西？如果读过《几何原本》，你会发现，它的公理、公设往往都是废话。比如两点之间可以作一根线，在我们具有极其丰富的作线经验的中国工匠看来，这不是废话吗？两条线要么相交要么不相交，这不是废话吗？但是这话很重要，要么相交要么不相交，没有第三种情况。等量加等量等于等量，这是很著名的公设。这么废话的东西说它干什么啊，所以中国人读希腊的东西经常感觉到这些人吃饱了撑的没事儿干。但是你们注意，在这些废话作为前提之下，竟然能够推出许多我们觉得不是废话的东西。比如平面上可以作一个三角形，当然能作了。三角形内角和等于180度，好像有点新意思，好像以前没有注意。要是我们中国人会用那个量角器量一量，可是量一万个三角形内角和等于180度，也不能等于所有的三角形内角和都等于180度。著名的归纳问题就是这样的，你看见一万只天鹅是白的，你也不能说所有的天鹅都是白的，你完全可能看到第一万零一只是黑天鹅。所以经验不能推出全称命题，全称命题只能从全称命题推出来。

再往后推还可以推出很多东西。如在直角三角形中，直角边的平方和等于斜边的平方。我们就奇怪了，这些结论都是从哪里来的？初看似乎都是废话，我认为这是希腊贡献给世界文明最伟大的东西，即：理性的世界是一个自主的世界，但却不是一个贫乏的世界，而是极为丰富的世界。以柏拉图为代表的西方思想家进一步强调，事实上我们关于世界的所有可能理解的部分，都来自于那个理性。当你能够把这个塑料瓶叫做一个瓶子的时候，你首先必须要有瓶子的概念，尽管我们在现实生活中见不到一个真正意义上的瓶子，因为我手上拿着的瓶子都只是暂时的瓶子，塑料会老化，会装不了水，所以只是暂时的瓶子。在世界上没有永恒不变的瓶子，可是我为了能够把它叫做瓶子，我们必须事先有瓶子的概念。世界上没有真正意义上的圆，比如瓶盖是圆的，但又不够圆。但是，你说它是圆的时候，或者说它不够圆的时候，都必须事先知道什么是真正意义的圆。所以柏拉图说，这个世界是可理解的，但是它的可理解性就在于这个世界不过是对那个纯粹的理想世界的模仿。所以，真正的最高的人类的追求，就是回到那个纯粹的理想世界中去。缺乏那样纯粹理想世界的话，我们的生活将是没有意义的。所以理性生活本身也是一种伦理生活，一种有价值的生活，就是这个道理。

希腊科学的内在演绎特征体现在什么地方呢？在形式逻辑里体现在保真推理，在数学里也有它的体现。所有的希腊数学都不是我们心目中想象的那种做计算的实用的东西，统统都不是。什么叫数学？“数学”这个词翻译自英文，英文又来自于希腊文μαθηματά，我们翻译成“数学”其实已经偏了。这个词本来的意思是说能学能教的东西，所以学数学不过是学而已，是学那些能学的东西。希腊人有个非常深刻的思想认为，一个人学到的东西一定是你本来就懂的东西，如果你本来就不懂，根本就学不会。智者曾经提出过一个学习悖论，说：你学一个东西，你对它是懂还是不懂呢？如果懂就不用学了，如果你不懂怎么学得会呢？柏拉图对此有个很有名的回答，他说，你说的是对的，我们只能学习那些我们本来就懂的东西。但是为什么我们还要学呢？那是因为我们本来是懂的，后来给忘了，所以学习就是回忆。大家注意这个回忆的思想很深刻，当然你不能对回忆作经验心理学的理解。如果你从先验的角度看，这个话很有道理。我们真正能学到的东西，都是我们本来就懂的东西，都是我们内在的心灵结构里拥有的东西。所以柏拉图对话里有个很有名的场景，让苏格拉底现场做一个实验，叫一个奴隶小孩来。这个奴隶小孩没有受过教育，但是苏格拉底说我要问问他懂不懂数学：小子我问你一个问题，一个面积为1的正方形的边长是多少，那小孩说当然是1了，这谁不知道，一一得一。苏格拉底说你看他都没学就知道，他居然知道一一得一。只要是有自我意识的人就懂得1的概念，因为你就是一个“1”，所谓的我只有一个，如果有两个的话，坏了，就人格分裂了，疯了。那我再问问你，一个面积为2的正方形边长是多少，小孩说会不会是2，苏格拉底说如果是2的话不就变成4了，可我问你的是面积为2的正方形边长是多少？小孩说那我就不知道了。苏格拉底就问他，是不是应该比1大一点，比2小一点，小孩说对，你说的有道理，我同意。苏格拉底说我也没教他，他就能同意，他知道多少的概念。具体怎么小，怎么大法，经过苏格拉底循循善诱的追问，小孩最后终于说，以边长为1的正方形对角线为长度搭出来的正方形面积就是2，苏格拉底说你看他全知道。他这个实验表明人内心具有先天的理性结构，这个理性谁都剥夺不了，这个理性是人作为人的根本标准。

希腊科学一开始出现时不是如何实用的问题，相反，它是关于人之为人的大问题，所以希腊人说数学是我们能够学会的最基本的一些东西。希腊的数学分四大学科：算术、几何、音乐、天文。数学四科后来加上文科的三科：逻辑、文法、修辞，构成了中世纪以后的“自由七艺”。这自由七艺成了欧洲历史上两千年来对青少年儿童进行培养的基本学科。所以数学在希腊扮演的是什么角色？扮演的是非常核心的角色，是启发你成人的东西。这样一种学科是怎么运作的呢？比如算术，希腊文为αριθμητική，是不是像我们想象那样算得快，如计算：一百个和尚吃一百个馒头，大和尚一人吃三个，小和尚三个人共吃一个，大家算一算多少个大和尚多少个小和尚？不是，他们根本不算这个。和我们的算术相似的是另外一门学科，叫做logistics，是一门不入流的学科。整个希腊被称为算术的学科和“算”没有什么关系，跟“术”也没有关系，最好的翻译是数理学，研究数之道理。数有什么道理可讲呢？有的，比如不同的数之间有不同的比例关系，不同数里面可以分解成不同的质因数，数里又分偶数和奇数，不同数里呈现不同的几何形状，不同几何形状之间有不同的搭配比例。所以希腊人很强调每一个数都是有道理的，这个道理内在于数本身。结果就出现一个问题，希腊人发现有一类数没有道理，我们今天称之为无理数。为什么数分有道理和没有道理呢？那是因为希腊的数学始祖叫毕达哥拉斯，毕达哥拉斯认为万物皆数，每个事物对应一个数，因此事物之间的关系可以还原成数之间的关系。很不幸他当年的数指的是自然数或者自然数的比例，结果毕达哥拉斯学派里有一个人不小心发现，一个等腰直角形的斜边就不是数，是$\sqrt{2}$，他能够证明$\sqrt{2}$不能表达成任何两个自然数的比例。当他把这个思想向他的同伴们宣布的时候，他们正在海上游玩，在场的人都不承认。但是经过反复验证发现他说的是对的，在场人悲痛欲绝。

希腊人把道理看成绝对的。我们中国人没有这个习惯。我们认为理是相对的，公说公有理，婆说婆有理，对理不较真。太较真的话，大家还不喜欢你，说你这个人怎么得理不饶人呢。希腊人听不懂这个话，如果我得了理怎么能让你呢？因此，毕达哥拉斯学派突然发现有一类数，居然不能像传统所说的那样表达成数的比例，他们是很恐惧、很郁闷、很害怕的。怎么办？没有办法，据说后来把那个发现者扔到海里去了。所以无理数的发现被认为是西方第一次数学危机。当然在我们中国人看来不是危机，我们在这方面是很开明的，$\sqrt{2}$不是数，无所谓的。为什么无所谓？因为我们没有像他们那样僵硬的、绝对的理念。

希腊数学危机以后导致一个后果，算术开始衰落，几何学出来了。几何学做什么？我们当然比较清楚一点，因为留下了一个《几何原本》，这是西方文明的两大经典之一。《几何原本》代表了两希文明中希腊文明这一支，另外一个文明是《圣经》代表的希伯来文明。据说有了印刷术之后，印刷量和版本数目方面，排名第二的是《几何原本》，第一当然是《圣经》。因为有了《几何原本》，所以我们对希腊几何学了解得比较多。中国人学几何时的心情是充满疑问的。我们在中学开始学几何学，但是这个几何学既不丈量土方，也不计算什么面积、体积，就让我们证明，证完了就没了，好像什么事儿也没有解决。在中国人看来你把问题解决了才是有学问的表现，你现在光证明，就好像什么事儿都没干。但是几何学是希腊文明的代表。所谓几何学的精神就是内在性的精神，就是自己推出自己，就是一种严格的确定性的思维方式。所以学习几何学不是我们单纯所说的为了使我们计算更精确，使我们将来用得更好，而是首先确立一种理性的精神。这个理性精神就是自己为自己立法，自己为自己开辟道路的精神。这种精神在希腊人看来，恰恰是人之所以为人的根本精神。所以学习几何学不仅仅是学习技巧，首先是学为成人。柏拉图学院门口挂了一个牌子叫“不懂几何学者不得入内”，他的意思并不是说几何学是必修课程，学完几何学才能上大学，柏拉图学院相当于大学了；而是说，你没有几何学的训练你就连人都不是了。所以我经常开玩笑说，几何学在希腊时期既不是文科课程，也不是理科的课，首先是一门德育课，是一门政治课，不学几何学就不是一个高尚的人，一个纯粹的人，一个脱离低级趣味的人。几何学的精神是贯穿在整个希腊的人文精神里面的。

几何学到中国，早先是由传教士传过来的，中国的有识之士像徐光启对此非常感兴趣，因为中国文化缺乏这个东西。中国文化如果说算术我们有，代数我们有，但是几何则完全没有。这种纯粹推理的精神，这种证明的精神，这种论证的精神是我们缺乏的。我们中国的文化更多说来是一种诗性文化，诗性文化的思维方式是赋、比、兴，是想象、是联想。当然作为文学手法是十分高超的，但是作为科学的思维方式则很幼稚，所以中国的学者如徐光启发现几何之后非常兴奋，要求利玛窦赶紧翻译。利玛窦说太难了翻一半吧，所以联合翻译了一半。徐光启在序里说，我国以后人人都要学习这个。只可惜当时的大环境没有实现他这个想法；直到过了二百年，第二次西学东渐才实现。今天，几何学才成为全体人民都要学习的一门学科。几何学一般在初中开始学，按照九年义务教育的要求，那就意味着全体人民都要学习几何学。这是为什么呢，为什么人人都要学习几何学呢？我认为把几何学纳入全体人民的学习科目之内，而且以立法方式固定下来，这实际是在向希腊文明致敬。不懂几何学就没法理解现代文明，没有几何学精神就不会有理性的精神，而这个精神恰恰是现代文明里很基本的核心的东西。

几何学在西方的地位就跟我们四书五经的地位一样，在中国文化里没有学过数学的人不算毛病，咱们过去重要的人物，特别是民国初期的那些大人文学者，很多数学都不行，咱们清华的钱钟书、吴晗数学都不行，但这不影响他成为著名的学者。为什么西方的学者从头到尾都学数学，把数学作为他们基本人性教养的一部分，这是值得我们思考的。

除了算术、几何之外，数学的学科还有音乐、天文。把音乐列为数学学科看起来挺古怪。其实，当年希腊的音乐主要被看作是应用算术。当时的乐器主要是竖琴、笛子，人们发现它们的音高和某种数量关系是对应的，所以研究音程的和谐就是研究某种数的比例。天文学也类似，被认为是应用几何学。天文学更好地表明了希腊科学性思维方式的由来，值得多说几句。比较一下中国和希腊的天文学特别有意义。

中国古代有极为发达的天文学，但是我们天文学的动机、目标、方法跟希腊天文学完全不一样。我们的天文学某种意义上来说，首先是关于天体现象详尽的记录。我们中国人相信天人合一，因此天上的现象都被认为值得记录下来，可以供我们人间的事务做参考。特别是皇帝更加重视天文学：皇帝是天子，理当知道天上的事情。上古时期最早的几个皇帝，他们在史书上记载的伟大成就，竟然不是他们的军国大事，而是他们造设了天文台。这在今天的人看来实在很难想象。可问题是，中国的天文台和西方的天文台不是一个意思，中国人看天实际就是看人，天人合一。所以通天者就有权力成为人间之主，所以中国天文学就特别受到皇帝的重视，所以始终没有中断，积攒了极为丰富的天文记录。因此我们可以说中国的天文学首先是天空博物学，林林总总全部记下来。记下来干嘛？破解。所以我又称之为星象解码学。某个行星穿越某个星座是有含义的，那个含义如果破解出来就可以帮助皇帝统治社会，提供警示从而调节人间的事务。皇帝需要天文学，老百姓也需要天文学，因为中国人做事讲究天时地利人和，天时就要看由天文学家整理出来的当天天象的表现，以此来判定什么该做、什么不该做。比如说今天我们早起，可以看一下老皇历，看看今天适宜做什么，不适宜做什么，比如今天宜听讲座，忌迟到早退，就按照这个做。所以，中国的天文学就扮演了日常生活伦理学的作用。一言而蔽之，它是天空博物学、星象解码学、政治占星术、日常伦理学……总而言之，它的功能、目标、方法统统都是为了服务于人间的事务。非常清楚，它并不是单纯看天本身。天没有本身，天和人之间是交融的，互通的，这是中国天文学的特点。

希腊天文学很不一样，希腊天文学是根源于希腊人对天空特殊的理解。大家知道从柏拉图开始到亚里士多德一向认为，我们这个世界之所以是合理的，是因为它模仿纯粹的理念世界，而纯粹的理念世界不在现实当中，不为感官所认识，所以我们要想尽办法打开我们智慧之眼，朝向那个纯粹理念世界，这是希腊人的最高追求。但是在我们的经验世界之中难道没有比较好的、比较纯粹和美妙的吗？有的，那就在天上。大家知道希腊的世界是天地判然二分的世界，这个天地判然二分直到近代科学才打破。近代科学打碎了天地之间的分野，把天地融为一体。地球就是行星3号，地球也是天体，所以天地的界限被消除。但是希腊时期天地完全不一样，天上被认为很纯粹、很纯洁、很永恒的，当然不是绝对永恒，毕竟它还是感官能够感受的地方，能够看得见。但是希腊人认为天空很干净，天上没有什么运动，唯一的运动是所有星体每天绕地球一圈做匀速圆周运动，所以天上最高贵的运动就是匀速圆周运动；而地面上的运动是直线运动，直线运动差一点。现代科学倒过来，现代科学认为直线运动是高级的，圆周运动是受迫的，是有引力拉着它。希腊人认为匀速圆周运动才是最天然的运动，不需要理由。

有人会说毕竟天上还有变化的啊？比如我们中国古代记录了很多太阳黑子。希腊人说太阳怎么会有黑子，像太阳这么高贵的天体一定是很光滑、很美妙的，没有瑕疵的，一定是你眼睛看花了，所以整个欧洲历史上直到近代没有关于太阳黑子的记载。好了，就算太阳黑子是我眼睛看花了，流星、彗星大家都看见了，在天上呆好几个月呢，那怎么算？希腊人认为流星、彗星是有的，但是那不是天上的事儿，是地面上的现象。大家注意英文里的气象学那个词，meteorology，它的词根meteor就是流星的意思，希腊人把流星、彗星甚至银河这么些乱七八糟的东西，全部看成是大气现象，经他这么一搞天上就很干净了，天上就剩下每天绕着地球做匀速圆周运动的东西。

但是很不幸的是，天上的星体并不都是这样规矩的。有七个天体并不是单纯地每天绕地球转一圈，这七星是日月金木水火土。这些星体虽然每天跟着大家伙一起由东向西周日旋转，但是仔细观察，发现它们还有一个反向转动。比如月亮的反向运动是最明显的，如果你每天晚上九点出去会发现，每天晚上九点的月亮位置都不一样，今天如果当顶，明天就会向东偏，一个礼拜就跑到东地平线了，这就意味着一个月月亮就由西往东转一圈；太阳也是每三百六十五天差不多由西往东转一圈，金木水火土都有或大或小的周期由西往东转。你由西往东转，好好转也可以，但是仔细观察表明，这七大行星都不是那么规矩。太阳、月亮的转动速度不均匀，有时候快有时候慢。在埃及巴比伦时期就发现了，在二至点和二分点的地方，太阳的运动速度是不一样的；月亮更是这样，月亮甚至看起来有时候大有时候小；金木水火土更可气，不仅速度不均匀，而且方向都不均匀，有时候往前走，有时候往回走，是为逆行。这就麻烦了，希腊人很不高兴。你作为天体应该做匀速圆周运动，怎么能乱走呢？所以给七个星体起了一个名，planet，什么意思呢？希腊文的意思就是乱走一气的东西。

我们中国人没有这个想法，认为天怎么走那是天的事情，我们看着记下来就行；但是希腊人却认为天必须有一个内在的逻辑，你不能乱来，这个逻辑就是匀速圆周运动。所以七个行星成了希腊学者的心头之痛。要知道当年发现$\sqrt{2}$就死了一个人，如今发现这么大的漏子，怎么办？相距不是很远的后人记载说，柏拉图在学院里向他的学生提出要求说，你们一定要拯救现象。为什么要拯救它呢？是因为七个行星的表现不像是天体的样子，所以我们要拯救它。怎么拯救呢？要用我们认为是理性的方式拯救它，把它表面上看起来不规则的东西解释成实际上是规则的。这个方案是一个伟大的科学方案。怎么拯救呢？柏拉图学派里有一个人叫欧多克斯，这是希腊天文学的开创者，他说这个问题我解决了：每个行星都在做匀速圆周运动，这是必须的，否则怎么能叫天体呢；但是每个行星不是只做一个，它同时在做好几个不同的匀速圆周运动，这些运动叠加起来就叠出乱来了。所以我们看到希腊天文学就走上了一条很独特的道路，第一它是行星天文学，它不研究别的，所有的恒星每天绕地球一圈是均匀的，所以恒星不用研究，就研究行星。这是第一。

第二他要用匀速圆周运动的叠加模式来模拟行星表面上的不规则运动，大家知道这个科学的范式极为重要，可以为万世师表。今天学理科的同学知道，我们做科学，不过就是把表面上林林总总、多样复杂的现象归到一个稳定不变的规律里去。我们默认在事物的背后有这样一个规律，所以我们把表面上的不规则看作是一种例外，是一种特殊叠加的表现。所以学科学就先要学会叠加的思维。今天有个数学工具叫傅里叶变换，理解了傅里叶变换就理解了自希腊天文学以来的科学基本范式。伽利略、牛顿等人做的工作，第一步都是分解，分解了再集合。所以近代科学的起源其实都要追到希腊天文学。希腊天文学是应用球面几何学，是用匀速圆周运动叠加模式来模拟行星表面运动。

我们看到希腊的天文学默认了一种天体必须遵循的内在逻辑，那种具有自己性的逻辑，而中国的天文学不具有这样的要求。中国天文学不是也预测吗，我们也预测日全食，因为日全食皇帝很重视，万一有日全食，我们就要举行礼仪来拯救太阳，太阳被天狗吃了那是上天对皇帝的警告，因此皇家天文学家也预测。但是千万要记住，中国天文学家向来对预测这个事儿半信半疑。为什么？如果预测不准怎么办？比如唐代就曾发生过这样的事情，一帮天文学家预测今天下午有一场日全食，皇帝很紧张，赶紧举行仪式，结果发现那天下午日全食没了，按我们今天话说，应该是预测错了，天文学家应该检讨。可是没有，天文学家特高兴，赶紧向皇帝奏表，恭喜皇上您德性伟大，感动上天，不日食了。这个我们觉得是开玩笑，但是当时所有人都相信这个，皇帝自己真的觉得自己很伟大，上天宽恕他了，本来要警告他，现在不警告了。

为什么会这样？就是因为中国文化里缺乏一个不以人意志为转移的客观的自然界的概念。所以我说，自然的概念是科学精神的直接产物。自然是被希腊人发明的、发现的。什么是自然？自然就是自己如此、自行其是的这么一个领域，自己按照自己的逻辑运作，用今天的话讲叫做不以人的意志为转移。这个自然的领域就是科学的领域，所以把科学称为自然科学基本上属于同义反复。中国古代没有自然概念。有人会说，老子不是讲道法自然吗，那不是有自然概念了？这是一个广泛的误解。老子讲的那个自然不是一个词，它是一个词组，意思是自己如此。道法自然不是道去效法一个比它高的自然，而是效法它自己，所以人法地、地法天、天法道、道法自然，道没有更高的东西，道就是效法自己就可以了。中国没有自然概念，因为中国的天地人三才之间是相感相通的：人间的伟人如果足够伟大的话可以改变天象。这样想的话就很清楚了，中国怎么可能出现西方意义上的科学呢？所以我们看到，自然的发明其实是希腊理性科学的必然产物。如果追究起来，自然、科学、理性、真理都是一个意思。

现在我们总结一下，科学精神的起源究竟在哪里？汇总我今天所讲的意思，我们看到了它讲自己，讲内在，讲真理，其实归根到底讲的是两个字：自由。自由才是希腊科学根本的精神。自由自己如此，自己决定自己，所以希腊的科学不是一个通常想象的外部的手段，而恰恰是希腊自由人性理想的涵养者，所以学习科学就是成为学习做自由的人。

今天我们讲科学精神的起源，我想是有这样一个动机，就是要发现在今天占据人类文明支配地位的科学技术有这方面的由来，如果不看到这方面的由来，那么我们对科学理解就会失之偏颇，我们从事科学研究就不容易做到位。如果我们从事科学更多只是顾及它的效果，而不能做到为科学而科学这样的精神，那我们的科学研究不可能走得很远，不可能具有真正的原创性。所以，今天我利用这个宝贵的机会跟大家分享我的这些想法，请大家指正，谢谢大家！

提问与回答

问：吴老师，很荣幸聆听您的讲座，请教一个可能是很幼稚的问题，您觉得中西两种文明有没有可能独立发展到相同的科学水平？

答：谢谢。我感觉我们对科学的理解是一种普遍主义的理解，认为现代科学既然能够向全世界传播，促进全球一体化，那么科学一定是普遍化的。我认为，从后果方面看，科学一定是普遍化的。但是就其起源而言，不是普遍化的。从轴心时代开始，中西方文化就走上了不同的发展道路，用我的话说，是经受了不同的存在命运。时间有限我没有办法展开我对中国文化的思考。我觉得中国文化一开始就是典型而排他的农耕社会、亲情社会、熟人社会，走上的是血缘文化的道路，诞生了儒家文化的仁爱精神，在仁爱精神的指引下我们的礼文化成为主流。

西方走的是以自由为核心价值的道路。这个来源我也有一个比较简单的讲法，我认为是由迁徙频繁带来的。农耕、游牧、航海、商贸混杂的文化模式，所以本质上是陌生人社会，陌生人社会必然导致契约社会，而契约社会要求的人性理想就是个体的独立自主和自由。这样的路径与中国文化就很不一样，这种不一样是根本意义上的，并不是说科学是最根本、最普遍的，在中国文化里也可以谈科学。不是这样的。科学根本上是一种西方文化的现象。科学这样的思维方式在中国人看来是奇怪的。不是说我们中国人没有这个能力，而是说在我们的文化里，根本不会支持和鼓励这样的东西出现。就是我刚才说的，一个传统中国文人不学数学不是什么毛病。但是对西方人来讲不懂数学就意味着人性的欠缺。所以从根源上来讲，我认为不能以一种普遍主义的眼光把科学置于一切文化之上。事实上，把科学凌驾于文化之上，恰恰导致了我们今天看待中国文化的很大误区。我们要不然感觉自己很憋屈，觉得中国文化这么伟大怎么就没有科学呢？要不然就是生拉硬扯，说我们古代科学很多很好，结果越扯大家越觉得很贫乏，实际上没有什么东西。所以我觉得，两种文化的分野是根本意义上的，是存在论意义上的，我觉得只能从存在命运的角度来理解。谢谢你的问题。

问： 吴教授，您好，是不是科学本身就蕴含着人文的精神，还是说人文精神是和科学精神并列并存共同发展的？您在理之外还提到了情，请问情会发挥什么作用？

答： 谢谢，很好的问题。按照我刚才的讲法，从其根源处而言，科学就是希腊的人文，所有可以被纳入人文的东西都可以看作是广义的科学。为什么哲学、科学在西方历史上总是纠缠不休，因为原来就是一家人。科学人文的分野是现代性的现象，是近代以后科学职业化、科学技术化、科学力量化以后的分野造成的，在此之前的西方人文和科学是一体的，这是第一个说法。

第二个你谈到情，情是中国文化的概念，在西方文化中，情不是很重要的概念，而中国文化里很重要，情甚至可以说是绝对的，所以中国文化可以说是情本体的文化，而科学反而没有地位。因此，今天我们讲科学人文有两个语境，一个是现代文明的语境，在这个语境下，科学人文要融合。第二是中国文化的语境，在这个背景下的科学人文，我称之为“没有关系”，两者不相干，没有矛盾也不冲突。某种意义上来说中国情本体的人文，也可以促进西方科学在中国的成长。比如说儒家的家国情怀，激励多少近代中国的优秀儿女从事科学研究，以拯救自己民族的危亡。比如清华的老领导钱伟长院士，他本来学文科的，但是认为学文科不能救国，就决定改学理科，他来清华的时候是中文系，后来一定要改学理科，这是非常好的例子，表明儒学并不必然排斥科学，在特定的时期完全可以激励人们从事科学研究。现代中国的科学家在那么困难的条件下，把中国科技提到这么高的水平，我认为儒家思想起了很大的作用，就是科学报国、科学救国，所以这个话要单说。谢谢！

问：吴老师，您好，我想问科学精神为什么会出现在希腊？出现在希腊是在轴心突破以前，还是在轴心突破以后？

答：很好。科学为什么出现在希腊，这是一个谜，所以我们经常说希腊奇迹，所谓奇迹就是没法解释。当然，并不是完全没法解释。希腊代表了西方文明的一个总的文化模式，就是所谓的契约文明，希腊是一个代表，他用科学的方式对契约文明作出了很好的阐释，从这方面来说，这是一种解释。另外，有研究者认为，希腊这个地方很好，挨着两大文明古国——埃及和巴比伦，既不太远，可以留学，可以学习；又不太近，防止同化。亚里士多德当年就讲过地理方面的远近对文化的影响，所以这也是一种解释。总而言之，希腊为什么出现科学这个问题，没有一个完整的好的解释，总的来讲都承认这是一个奇迹。

至于它出现在轴心时代之前还是之后，事实上轴心时代就是古典希腊诞生的时代，所以希腊科学既不在前也不在后，它就是轴心时代本身。正因为它是轴心时代，所以希腊的科学才成为整个西方文明引导性的因素和引导性的力量。它就是轴心时代本身。谢谢！

走向科学博物馆*

中国的科技馆事业正在进入快速发展时期。公众参观科技馆的意愿越来越高，各级政府投资兴建科技博物馆热情也很高。然而，什么是科技馆？应该以何种路径发展科技馆？这些基本的理论问题还没有引起足够的关注。基本的理论问题没有达成共识，甚至处在无意识状态，我们的发展就有盲目的危险。

可以肯定，科技馆是一种来自西方发达国家的文化制

---

* 2016年4月27日在中国科技馆主办的“科技馆理论研讨会第五次会议”上的讲演。

度，要解决这些理论问题必须先正本清源，回到西方的语境之中，考察它的历史由来和发展历程。然而问题在于，迄今为止，我们日常习用的“科技馆”或“科学技术馆”等名称还没有官方正式发布的英文名称，以致于我们甚至无法肯定“科技馆”是否是博物馆，以及如果是的话，它对应的是哪种博物馆类型。

在西方国家，广义的科学博物馆（Science Museum）包括自然博物馆（Natural History Museum，简称NHM）、科学工业博物馆（Museum of Science and Industry，简称MSI）、科学中心（Science Center，简称SC）三种类型，狭义的科学博物馆往往专指其中的第二类即科学工业博物馆。中国科协下属的中国自然科学博物馆协会目前下设自然博物馆、科技馆、自然保护区、水族馆（动物园、植物园）、天文馆、专业科技博物馆、湿地博物馆、国土资源博物馆等专业委员会。按照这个组织架构，似乎我国的“自然科学博物馆”相当于西方广义的“科学博物馆”，而“科技馆”，就目前全国各地实际的科技馆建设方案来看，不搞收藏、专门展出互动展品，则相当于西方的“科学中心”（比如广东省就称“广东科学中心”而不称“广东省科技馆”）。这样一来，我国的科学博物馆事业中就可能漏掉了综合的“科学工业博物馆”这个环节。

我认为，关注“科学工业博物馆”这个环节，是中国科学博物馆事业发展的题中应有之义。走向科学博物馆，回归科技馆的博物馆本性，是未来中国科技馆事业发展中不可忽视的一种思路。接下来对此略作解释。

什么是科学博物馆

科学博物馆首先是博物馆。什么是博物馆？博物馆的基本功能是收藏、维护、展览，同时又要发挥研究、教育和娱乐的作用。在历史的发展过程中，博物馆的功能和定义发生了很多变化。传统上，博物馆是行使收藏、维护和展览功能的非营利性的常设机构，强调“常设功能”是要与博览会相区别，强调“非营利性”是要与娱乐场所相区别。此外，现代博物馆越来越强调自己的教育功能，但它是一个非正式教育场所，以与学校相区别。科技博物馆本身也有变化。科学中心、天文馆可以不收藏。收藏的也不一定只是标本，也可以看活的东西，比如动物园、水族馆。这些场馆现在也被归入科技博物馆的行列。

总的来说，从内容上讲，博物馆有三大类别：艺术博物馆（Art Museum）、历史博物馆(History Museum)、科学博物馆(Science Museum)。在发达国家，科学博物馆的观众数量增长很快，直追传统的艺术博物馆和历史博物馆。

科学博物馆有广义和狭义之分。正如前面所说，广义的科学博物馆有三个大的类别：第一个类别是自然博物馆，收藏展陈自然物品，特别是动植矿标本，观众被动参与；第二个类别是科学工业博物馆，收藏展陈人工制品，特别是科学实验仪器、技术发明、工业设施，观众也是被动参与；第三大类别是科学中心，通常没有收藏，但观众是主动参与，通过动手亲身体验科学原理和技术过程。狭义的科学博物馆指的是第二种，区别于自然博物馆和科学中心。

我国的“科技馆”目前走的就是科学中心的道路，但是始终没有采用科学中心的名称，只有广东明确打出旗号叫广东科学中心，其他地方都还叫科技馆。

关于这三个类别的科技博物馆，在我国有一个广泛存在的认识误区。有些人认为上述三个类别是科技博物馆发展历史的三个阶段：自然博物馆活跃于十七八世纪，科学工业博物馆活跃在十九世纪，科学中心活跃在二十世纪。这当然也不错，但我们要注意到，历史上三种类别的科技博物馆虽然有历史先后的顺序关系，但是，新的类型出来之后并没有把老的类型取代掉。科学工业博物馆出来后，自然博物馆没有被取代。同样，科学中心出来之后，科学工业博物馆也照办不误。因此，我们要认识到，三大类别的科学博物馆既是历时的又是共时的：“历时的”，是历史上先后出现的；“共时的”，后者并不取代前者，而是各有所长、相互补充、相互借鉴、相互渗透。

在中国科学博物馆的发展过程中，我们跳过了科学工业博物馆这个环节，直接走向科学中心类型。这个做法也许有它的历史合理性，但是，我们也要反思它的问题。缺乏科学工业博物馆这个环节，可能使我们忽视科学技术的历史维度和人文维度，单纯关注它的技术维度。

科学博物馆的历史由来

博物馆（Museum）是现代特有的文化机构，但其词源是希腊语的Mouseion。Mouseion原意是供奉智慧女神缪斯（希腊语Mousai，拉丁语Muses）的神庙。托勒密王朝统治下的埃及亚历山大城曾经建有一个被命名为Mouseion的文化机构。它包含有图书馆、动物园、植物园和研究所，收留学者在这里开展科学研究，大体相当于我们今天的科学院，并不是现代意义上的博物馆。科学史界通常将之音译为“缪塞昂”，或译成“缪斯宫”，而不译成“博物馆”。

现代意义上的博物馆起源于文物古玩的收藏传统。收藏之风自古皆有，中外皆同，王公贵族、帝王将相都有此爱好。古希腊和古罗马时代，人们常常在神庙里供奉稀有之物。中世纪这一传统似乎中断，但在有些修道院里也有关于植物、化石、矿石和贝壳的收藏记载。

文艺复兴时期，对古代书籍和古代遗物的收集成为时尚。新大陆的发现和世界航路的开辟，使欧洲人眼界大开，来自异域的奇珍异宝为达官贵人所青睐。印刷术的发明，使得收藏家之间可以便利地传播和交换各自的藏品目录。到了十七八世纪，私人收藏极为盛行。

现代意义上的博物馆是现代性的必然产物。何谓现代性？现代性是现代社会的发展所遵循的基本原则，它至少包含人类中心主义的原则和征服自然的原则。作为征服自然的战利品，各种动物、植物和矿物标本被采集和收藏，成为博物馆的第一批藏品。

从现代性的角度看，博物馆是干什么的呢？为什么博物馆这种文化制度只出现在现代的欧洲，而没有出现在古代希腊或中国？我认为，首先因为博物馆是现代性自我生成、自我确认的场所。出国旅游的人都知道，西方的博物馆是西方社会的文化景观，旅游不看博物馆，那基本上遗漏了核心的人文景观。一个人看博物馆的多少，意味着他进入现代性的程度和深度。我们中国人出去玩很少看博物馆，我们没有养成看博物馆的习惯，那是因为我们尚未进入现代。

为了理解博物馆是现代性的生成和维系场所，是现代社会合法性的生产场所，我们只需举一个例子就可以看得很清楚。我们中国并不是没有博物馆，我们中国人其实也看过一些博物馆，但我们拥有的和看过的多数是革命博物馆，这是我们的政治课所要求的捍卫革命神圣性和合法性。通过革命博物馆的反复参观，让我们认同没有共产党就没有新中国、只有社会主义才能救中国。实际上，西方社会里的博物馆也有这种隐蔽的功能。无论科学博物馆还是自然博物馆都如此。博物馆里的展品不是单纯的中性的展品，本身就是在维护某种东西的合法性。博物馆的空间划分也不是中性的。还举我们中国人比较熟悉的例子，比如，某个过去有争议的人物，进博物馆了，这就意味着有新的政治动向。我们不太讨论航天飞机进博物馆，也不太讨论大鲨鱼进入博物馆，只是因为我们对这些东西不敏感。在西方国家，人种博物馆的展品摆设经常会有政治正确还是不正确的问题。奋进号航天飞机退役后进入了加州科学中心，成为当时轰动一时的公共事件。上海老自然博物馆要拆除，引发了怀旧潮。所有这些，都是因为博物馆深深植根于现代社会合法性的定位。

博物馆在近代欧洲的出现，与现代性对自然的征服有关。所有的征服者都喜欢展示陈列战利品，通过陈列战利品感觉自己很伟大。现代西方人对自然的征服，对他人的征服，催生了博物馆这种文化场所的出现。最早的博物馆主要是征服自然的战利品：各种各样的动物、植物、矿物标本拿出来摆着，显示西方人对自然的控制。

博物馆是从私人珍藏室和珍宝馆脱胎而来的。珍宝馆往往以收藏为主，不对公众开放。博物馆诞生的关键是建立“公众开放”观念。一六八二年，英国贵族阿什莫尔（Elias Asmole）将其收藏的钱币、徽章、武器、服饰、美术品、出土文物、民俗文物、动植物标本捐献给牛津大学，创立了世界上第一座博物馆——阿什莫尔博物馆（Asmolean Museum）。阿什莫尔博物馆的旧址在牛津的宽街上面，旧址大楼现在是牛津大学的科学史博物馆。今天的阿什莫尔博物馆搬到了不远处的另外一个地方，主要是一个艺术博物馆而不是自然博物馆或科学博物馆。

然而，早期的博物馆通常主要收藏和展示自然标本，都是自然博物馆。

十八世纪博物馆开始大爆发，先后诞生了爱尔兰国家博物馆（1731）、维也纳自然博物馆（1748）、伦敦大英博物馆（1753）、威尼斯艺术学院美术馆（1755）、哥本哈根国立美术馆（1760）、俄国爱尔米塔什艺术馆（1764）、西班牙国立博物馆（1771）、美国南卡罗莱纳查尔斯顿博物馆（1773）等博物馆。

十八至十九世纪博物馆大发展，源于启蒙运动和法国大革命后对公共教育的重视。许多贵族珍藏室开放成为博物馆。一七九三年，卢浮宫改建为共和国艺术博物馆。启蒙运动造就了民族国家的自我认同，通过什么？通过博物馆。我们要体现民族自豪感？通过博物馆。18世纪以后的博物馆，越来越多开始承担教育功能，之前博物馆主要以研究为主，一般不开放或者开放得很少，一周开几次，放几个人进去。法国大革命之后，原来的皇宫、皇家花园对普通公众开放，成为博物馆、植物园。

十八至十九世纪也是自然博物馆大发展的时期。这时期，动物、植物、矿物、人种等博物学科（Natural History，自然志）大发展，一来现代性要求对自然界进行盘点，二来印刷术的发明使盘点自然成为可能。自然博物馆通常是博物学的研究基地，对自然界进行盘点的结果就是出现了世界四大自然博物馆：法国自然博物馆（1742）、伦敦大英博物馆（1753成立，其自然部于1881年分立出来，1963年正式成立大英自然博物馆）、美国华盛顿国家自然博物馆（1773）、纽约自然博物馆（1869）。十九世纪博物馆大发展，还源于殖民主义者对非西方文明的文化遗产的掠夺。

十八世纪工业革命产生的一个后果：谁掌握工业谁就是世界老大。整个十九世纪是科学工业博物馆大发展的时期，著名的科学工业博物馆有法国巴黎艺术与工艺博物馆（1794）、维多利亚和阿尔伯特博物馆（1852）、伦敦科学博物馆（1857）、洛杉矶科学工业博物馆（1880）、日本国立科学博物馆（1871）、莫斯科科技博物馆（1872）、芝加哥科学工业博物馆（1893—1933）、慕尼黑德意志博物馆（1903）、维也纳技术博物馆（1918）、亨利·福特博物馆（1929）等。这些博物馆都起源于对工业革命成果的回顾与展示。

世界博览会催生了科技博物馆（如1851年伦敦举办首次世界博览会、1876年美国费城举办世界博览会）。世博会与科技博物馆的共同之处是：都收集和展示；都接待观众；都维护展品。世博会与科技博物馆的不同之处：博物馆是常设机构而世博会不是；世博会更多的是娱乐而非教育；世博会更多展示而不收藏。

世界博览会成了展示国家工业成就的方式。在展览会结束之后，或是将世博会的展品交给某个博物馆，如上海世博会云南展厅的恐龙化石在上海世博会结束后交给了上海科技馆；或是建立一个博物馆以收藏和展示世博会的展品，如英国在首次世博会之后就建立了维多利亚和阿尔伯特博物馆，其中科学与工业类的藏品于一八五三年分离出来，成立了南肯辛顿科学技术博物馆，后来演变成为英国科学博物馆（又称伦敦科学博物馆）。

最早的工业技术博物馆诞生于法国，这就是今天的法国巴黎艺术与工艺博物馆（Musee des Arts et Metiers，Museum of Arts and Crafts），它与国家艺术与工艺学院（Conservatoire national des arts et métiers，National Conservatory of Arts and Crafts）互为表里，用我们中国人的话说就是一个实体、两块牌子。前者负责对外布展，后者负责收藏。国家艺术与工艺学院成立于一七九四年，专门收藏科学仪器和技术发明。艺术与工艺博物馆于二○○○年重新整修以现名对外开放。博物馆目前展出二千四百件历史性的藏品，包括傅科摆原件、自由女神像原模、帕斯卡计算器原件、拉瓦锡的实验仪器这些极为珍贵的科学技术史遗产。

我国科技馆界工作人员去法国考察，很少去看工艺博物馆，都是去看维莱特科学中心和发现宫，原因就是我们缺少科学博物馆的第二种类型——科学工业博物馆。法国的三类科学博物馆是分开建的，法国自然博物馆、法国工艺博物馆、维莱特科学中心和发现宫三足鼎立。伦敦科学馆是合二为一，里面既有科学中心，也有科学工业博物馆的那些东西。芝加哥科学工业博物馆、德意志博物馆与伦敦科学馆的模式相似，都是科学工业博物馆+科学中心。

二十世纪科学博物馆大爆发，这与人类进入科学时代有关。博物馆对科学时代的追随稍微晚半拍，十九世纪已经是科学的世纪，但公众开始喜欢科学、追逐科学在二十世纪表现得最为充分。二十世纪五十年代以来，科技博物馆成倍增长，大大超过其他类型博物馆的增长速度。其中科学中心的崛起，是科学博物馆整体数目上升、影响增大的主要因素。现在经常提到的旧金山探索馆、安大略科学中心和维莱特科学中心，均是五十年代之后的产物。

我国科技馆的现状与问题

中国博物馆是从西方传过来的，是西学东渐的后果。中国文化缺乏博物馆传统，重“文”轻“物”；王公贵族的奇珍异宝常常私藏，秘不示人；中国人的文化认同主要靠“文”和“字”，并不通过以“物”为主的博物馆。中国人自己创建的第一座博物馆是南通的博物苑，由实业家张謇于一九〇五年创办。

中国的科技类博物馆在所有博物馆中起步也是最晚的。一九五八年中国科技馆筹建没有建成，一九八八年中国科技馆一期工程建成。后来，各地陆续建了很多科技馆，但很多科技馆有其名无其实。很多科技馆甚至被挪作他用，完全没有展品。直到二〇〇〇年底中国科协颁布《中国科协系统科学技术馆建设标准》，此后科技馆建设逐步走上正轨。

近十几年科技馆发展喜人，主要是由于我国经济发展、政府投资、观众量增长的推动。现在各地已经建成了不少建筑面积超过两万平方米的大型科技馆，还有一大批正在建设中，如河南科技馆新馆、湖北科技馆新馆等。今后若干年，所有省会城市都会陆续建成超过两万平方米的大型综合性科技馆。

我国科技馆形势喜人，问题也比较突出。随着社会进步，有些问题正在逐步解决。如科技馆曾经经费不足，现在政府经费拨款普遍增加；曾经科技馆缺少合格的工作人员，现在中国科协和教育部联合培养高层次科普专门人才，办了很多科普方向的硕士研究生班；曾经科技馆难以吸引参观者，现在很多科技馆观众踊跃，这其中也有近年来科技馆免费开放政策产生的效果。

当然，还有一些问题尚未解决或者尚未完全解决。一是理论研究滞后，许多基本的理论问题没有仔细研究、达成共识。二是展览水平低，展品雷同，特色不够。为什么特色不够或者雷同？很大的问题是科技博物馆自觉不自觉地把自己等同于科学中心。如果是科学中心的话，那展品的确很难创新，全世界都差不多。世界上一些有名的科学中心我都去看过了，我觉得都差不多。你要看特色，就必须有历史，只有历史才有特色。我们把科技馆等同于科学中心，就难免雷同。当然，雷同也未必是坏事。每个省会城市办一个这样的馆，即使相互之间雷同，也问题不大。普通观众也不会像专家一样，比较各省会城市的科技馆。

我国科技博物馆的发展是跨越式发展，从自然博物馆直接到科学中心，缺失了科学工业博物馆环节。这一来是因为中国的工业化时间短，值得保存的工业遗产较少；二是因为我们普遍对科学技术的理解仅限于科学和技术本身，未考虑到科学技术的社会背景和人文的关联，历史维度淡薄。

跨越式发展，直接发展科学中心也有它的合理之处。科学中心无须收藏，这样易于白手起家，尽快一步到位；此外，互动体验型展示，观众亲自动手，深受观众尤其青少年的喜欢，可以很快聚集人气，产生效果。

但是，科学中心模式也面临严峻的挑战。互动体验型展品更善于表达力声光电知识，容易忽视不好表达的那些科学原理和技术过程；过分强调动手而不是动脑，会削弱科技馆的教育功能，而沦为游乐场；展品设计者的明确导向是对科学原理和技术过程物化的标准答案；就科技谈科技，缺乏来龙去脉的展示；互动展品被飞速发展的家庭娱乐电子设备所赶上甚至超过，逐渐丧失魅力。

我们要想创造不雷同的科技博物馆，从全国角度来看，还是要回到科学工业博物馆，补上这个环节。

走向科学博物馆

我国是跨越式发展，我们起步晚，我们的工业遗产、科学遗产来不及收集整理，导致科学工业博物馆这个环节缺失。当然这不是科协一家的事，是全社会的事情。我经常在大学跟校长讲，我们北大为什么不建科学博物馆？可以把北大历史上的理科教具、科研设备、设施拿一点过来展一展。可是他们没有这个概念，中国科学院也没有这个概念。中国人本来就重文轻物，文人化传统压倒收藏传统，这个制约了科学博物馆事业的发展。

科学中心是时代发展的趋势，确实非常好。二十世纪科学博物馆吸引那么多观众参观，这与科学中心的发展有关系。科学中心有没有缺点呢？我认为是有缺点的。一是科学中心比较善于表现物理学，如力学、声学、光学、电磁学，但不太善于表现进化论、博物学、化学、生物学。二是过分强调动手，动脑就不知道怎么办了。在科学中心里，小孩子特别高兴，十分热闹，但是氛围不适合慢慢品味。我们到艺术博物馆去，可以站在画前静静地欣赏好长时间，但在科学中心里难以做到。光强调动手不强调动脑会削弱教育，容易沦为游乐场。现在科学中心展品设计主要是表现科学知识，都是标准答案，没有开放性的问题，这本身就是一个问题。

我受湖北省科协的委托帮助设计湖北省科技馆新馆。我的一个设想就是，将新馆设计成一座科学博物馆，不叫科学中心，也不叫科技馆，明确叫“湖北省科学博物馆”，明确向科学博物馆的第二种类型（科学工业博物馆）回归，以伦敦科学博物馆为范本。伦敦科学博物馆展示的主要是实物，设法把历史背景、人文的走向放进去，大人可以在那儿欣赏；旁边有互动的展品来模拟，小孩可以玩这个。我们现在的科学中心基本上与车间差不多，展品后面的背景墙面利用很少，不像艺术博物馆和历史博物馆很重视布展，科学博物馆不重视背景。我举个例子，大气压的实验那是很有名的科学史事件，科学中心很少讲那个，而是直接把球内的空气抽出来让观众拉不开，从而体会大气的压力。但观众很少知道这件事情的来龙去脉。实际上，布展的时候可以模仿当年在马德堡做这一实验的历史情境，这样可以把科技的发展过程表现出来，揭示近代科学的诞生从一开始就和民众的积极参与结合在一起。

我的方案就是尝试把科学博物馆的三种模式融为一体。不同国家模式不一样，伦敦是合二为一，法国一分为三，其他国家各有不同，有的合在一起做，有的分开做。我们国家缺乏大型综合型科学工业博物馆。我们有火车博物馆、汽车博物馆、航天博物馆，但是没有一个综合性的科学博物馆，这一空白应予弥补。

展望一个融自然博物馆、科学工业博物馆（目前中国几乎是空白）、科学中心三种模式为一体的综合性科学博物馆，应该是以下这样：

以历史为主线（而非以学科领域）划分展区，展现科技的发展历程，讲述一个完整而非碎片的科学故事；

在历史情景中参与体验科学原理和技术过程。仍然发挥当代科学中心的特长，支持动手体验，而且是重演历史上的伟大发现过程；

体现科技与社会、科学与人文的互动关系，支持观众的主动参与，对科学发展的社会后果进行辩论，提供不同讨论进路。

访谈

中国科技史学科需要再建制*

王洪波：请问科学史是怎样一个学科？与很多古老的学科相比，它还很年轻，请问科学史这个学科是怎样兴起的？

吴国盛：科学史是一个“二阶学科”，或者说“二次学科”，它依赖于科学技术本身的发展，它是在近代科学发展起来之后兴起的。

从十九世纪后期开始，就逐渐有一些哲学家对科学史感兴趣。但现在一般认为，科学史作为一门独立的学科是从萨顿

---

* 2017年清华大学创建科学史系前夕，接受《中华读书报》记者王洪波采访。原载《中华读书报》2017年6月28日。

开始的。他最早在哈佛大学授课、办杂志、建立了科学史学会。他创立的ISIS杂志至今还是国际科学史界的核心杂志。

科学史学科“二阶”的地位决定了它的发展受人类社会对科学本身看法的制约。在二战以前，科学史家差不多都是孤军奋战，各国学者出于个人兴趣、哲学爱好，从不同角度做科学史研究。二战以后，国际社会对科学技术的社会后果有非常强烈的反思，因为二战是科技被大量应用的残酷战争，人类由于科技的介入而伤亡惨重，所以对科技的反思成了普遍的时代要求，结果成全了科学史学科的发展。

“二次学科”的特点就是依赖，对社会思潮的依赖，对母学科的依赖。科学史作为二次学科，受制于一个社会的科学文化状况。当公众和社会觉得科学技术需要进行反思的时候，这个学科就比较繁荣昌盛，觉得不必要做的时候，这个学科就会有一些危机。因此，科学史学科兴起之初，初创者们就对本学科的独立自主性特别敏感。在这方面，萨顿的工作还不够，还缺乏一种独立的编史纲领，而这是柯瓦雷的贡献。他提出的科学思想史纲领为科学史家建立了构建学科自主性的方案。五十年代至六十年代主要的科学史家都是在柯瓦雷的思想下工作的。

王洪波： 科学史学科的独立地位今天是否确立了呢？

吴国盛： 国际科学史学科经过一个世纪的发展，已经形成了一套稳定的建制化的东西，比如大学教席、研究生学位点、国际学会、杂志等，已经是一个成熟而独立的学科。二〇一一年的时候，我曾经查到美国的科技史博士点大概有五十七个，有十个科学史系。实际上，美国的科技史和科技哲学、科技社会学、STS（对科学、技术与社会关系的研究）等学科都混在一起，没有严格的区分。我们中国人喜欢划分门户，把科技史和科技哲学生生地分隔成了两个相距很远的学科。

美国的科学史系都招本科生，没有科学史系的大学也有许多招本科。这一点需要特别强调。现在有许多人总认为，科学史专业没有必要招本科，这是错误的认识。科学史的本科，一来为本专业的研究生提供优质生源，二来本身就是通识教育的样板专业。哈佛科学史系的本科招生广告这样说："学生拿科学史学位可以做什么？回答：一切事情。"科学史本科计划所接受的训练几乎不排斥任何未来职业，因为事实证明，毕业生们在医学、法律、新闻、政府、商业、金融和学术界等诸多领域都很成功。

王洪波： *科学史在国内的情况如何？和国际同行有哪些差距？*

吴国盛： 从大面上来讲，中国的科技史学科和国际上是一样的，都是取决于社会的需要。很长一段时间，爱国主义教育是中国科技史学科发展的动力。中国近代落后挨打，民族自信心缺乏，如果能够证明我们古代我们的祖先很强大，也是一种心理安慰。像著名的李约瑟难题、四大发明概念的流行，都是这种社会心理的表现。中国科技史学科显然得益于这种心理。中国早期的科学史家，比如李俨、钱宝琮、竺可桢、钱临照等，都顺应了这种时代的要求，以现代科学的眼光去发掘我国古代的科学遗产。

除了爱国主义的基调外，整个二十世纪的中国科技史学科，基本上是科学家主导的“科学家的科学史”。从竺可桢、钱临照他们开始，中国的科学史研究都是由声名卓著的科学家主导。在他们的主持下，五十年代中国科学院组建了一个中国自然科学史研究委员会，这个委员会的目标也是为了发掘祖国的科学遗产，当时里面主要都是科学家，职业科学史家很少。

在西方，从萨顿开始就逐渐走出了“科学家的科学史”，而转变为“科学史家的科学家”。到了上世纪四十年代，第一代科学史博士毕业获得了大学教席，真正开始了科学史的建制化。与之相比，中国科学史在独立建制方面整整晚了半个世纪。中国直到九十年代，才有大批的科学史科班博士毕业走上工作岗位。

科学家主导的中国科技史研究带有明显的理科色彩。中科院的自然科学史研究所一九七七年本来是跟着哲学社会科学学部离开中科院到中国社会科学院去的。可是当时很多科学史的老先生深深地恐惧哲学社会科学，觉得和政治挨得近，太危险，于是强烈要求回到中科院。最后他们在社科院只待了一个月，还是回了中科院。这个举动的后果之一就是，中国的科学史学科始终被划归到理学门类，被看成理学学科。

中国的科技史被归到理学门类还有一个原因是，科学家的科学史通常是专科史，即数学家做数学史，比如吴文俊，物理学家做物理学家，比如钱临照。国际上通常都把科技史看做史学学科，他们的科技史家，如果不在科学史系，多半就在历史系，极少在理科院系。而中国的科学史始终被算作理学学科。在国务院学科目录里，科学史学科到现在还是理学学科（编号0712）。

分科治史、依傍科学家治史，当然是科学史学科不成熟、未建立学科自主性的表现。等到中国大学里的理科院系开始向国际同行看齐，用国际的标准来做科研的时候，原来在理科院系从事科学史的学者日子就比较难过了。专科史在理科院系里就更加边缘化，更加难以立足，更难找到接班人。很多八十年代的科技史学科点，在老一辈退休之后基本就后继无人了。

目前还活跃的科技史学科点，绝大多数还是当年专科史的老班底。师范院校是科学史学科的主要藏身之所，比如内蒙古师大（数学和天文学史）、辽宁师大（数学史）、首都师大（物理学史）。除了师范类学校，还有一些专科大学有科学史，比如医科大学搞医史，农科大学里搞农史，北京科技大学（原来的北京钢铁学院）做冶金史等等。

国内大学中以综合的面目新设的科学史博士点阵地，目前就两家。一个是山西大学，完全依靠科技哲学的班底，然后争取到了科学技术史的博士点。另一个是上海交通大学，它完全是从外面引进大牌教授重新创办团队，做得很壮大。

我一直认为，今天中国的科技史学科面临三个再建制：第一个就是从编史动机方面讲，由单纯强调爱国主义，转变为全面理解科学、创造当代中国的科学文化。第二个就是从队伍方面讲，从以中科院科学史所为重心，逐步转变为在全国高校独立建立科学史系，既服务于高校的通识教育和素质教育，同时也为科学史学科培养优质的后备人才。第三个就是从研究内容方面讲，以中国古代科技史为主要内容，转变为面向世界科技史，特别是西方科技史。

王洪波：所以您在清华大学创建科学史系，也是要推动这些“再建制”的趋势吧？您有哪些具体的设想，清华科学史系与国内其他几家科学史系在定位上有什么区别呢？

吴国盛：目前中国还有两个科学史系，一个是中国科技大学的“科技史与科技管理系”，在人文学院。第二个是中国科学院大学的“科学技术史系”，也是属于人文学院。这是目前健在的科学史系。之前还有另外两个，一个是上海交大的科学史与科学哲学系，是中国第一个科学史系，现在改名了，叫科学史与科学文化研究院。还有一个就是内蒙古师范大学的科技史与科技管理系。所以历史上出现过四个系，现存的有两个。

我们在清华创办科学史系，有几个特色。

首先是综合大学创办科学史系。经过几十年的文科建设，清华已经不再是一个单纯的工科大学，而是逐渐恢复为综合性大学。如果我们承认清华是一所综合大学的话，那么清华科学史系创立意味着终于有中国的综合大学创立了科学史系。

清华之所以能够在短时间内下决心创办科学史系，完全取决于校领导高瞻远瞩，特别是邱勇校长独具慧眼、果断决策。没有对科学人文的高度认同，没有对科学史之意义的深刻理解，在高校设立科学史系是非常困难的。正如业内同行所说，邱勇校长的确称得上是中国的科南特——当年大力推行通识教育，并且身先士卒支持发展科学史学科的哈佛校长，当然，恰好他们都是化学家。

综合性大学创办科技史系，具有标志性的意义。这意味着我们一开始就不是为了研究某些专门学科的历史，也不只是为了促进科学教育，而是一开始就要把科学史作为一个综合大学的有机环境来考虑，把科学史作为大学通识教育的一部分。所以我们非常自觉地把清华科学史系和清华的通识教育和本科素质教育紧密地结合在一起，主动地来沟通文科和理工科、科学与人文，在两种文化中建立桥梁。

第二个特色是，我们将想办法招本科生。目前其他四个科学史系都没有本科教育计划，而且似乎在不远的将来也没有发展本科教育的计划。清华科学史系非常明确要发展科技史的本科生教育。

由于科学技术史目前不在教育部的本科目录里面，这给发展科学史的本科教育带来一些根本制度上的困难。但是，清华大学是少数几个能自主创办本科专业的高校，我们将充分利用这样的特权。本科教育的好处当然是不言而喻的，在本科层面上丰富和活跃清华的通识教育和素质教育。第二个就是为本学科输送高素质的人才。清华的本科生质量是非常好的。我们的本科计划可以为全国的科技史和科技哲学学科吸收非常优秀的后备力量。

当然，我们的本科培养计划会循序渐进地展开。一开始会采用辅修，辅修一段时间，完善了课程体系之后，再改成第二学位，甚至最后招收主修学位。培养本科人才是我们坚定不移的目标，也是清华科学史系重要的特点。

第三个特点就是，清华科学史系在学术研究方向上有自己独特的定位。简单来说，我们将主攻四个学术方向。首先是两大主阵地：西方科学技术史与中国近现代科学技术史。

中国人系统引进西方科学有一个多世纪了，但是中国人系统学习西方的科学史实际上从上个世纪末才开始，之前都是自然辩证法界的同仁们为我所用地摘抄一些通俗作品。在我念书的时候，中国引入的西方科学史著作最有名的就两本：丹皮尔的和梅森的。丹皮尔是作家，梅森是化学家，都不是职业科学史家。这两位业余科学史家写的科学史在中国畅销了几十年，相反职业科学史家的鸿篇巨制一直没有引进，直到九十年代后期才有所改观。新世纪，这个引进西方科技史的势头继续看好。特别是张卜天博士，以一人之力翻译了四十多本西方科学史名作——他如今也进入了我们清华科学史系。

我们需要有一个心理准备，要潜下心来花十年甚至数十年时间，开始系统地从基础抓起，培养研究西方科学史的专家。西方毕竟是科学的故乡，我们中国人正本清源、理解科学要从理解西方科学开始。我希望经过几十年扎实的努力，能够培养一批研究西方科学史的专家，比如阿基米德专家、哥白尼专家、牛顿专家、拉瓦锡专家、达尔文专家等等。所谓牛顿专家就是说对牛顿的著作烂熟于心，并且能够紧跟国际上最新的研究成果。

真正理解科学需要这些环节，如果只是从今天看到的现成的科学成就和技术产品来理解西方科学，那是远远不够的，那就没有看到源头，舍本而逐末了。

第二个主阵地是研究中国近现代科学史。中国古代科技史是兄弟单位的传统强项，我们主动放弃这一块，不争不抢，避其锋芒。另一方面，我也觉得在当今中国，研究中国古代科技史不是当务之急，相反研究西学东渐的经验教训更加重要。研究近现代科技史对于当今中国科技的健康良性发展、对于创新文化的培养，是非常有益的。过去我们的中国近现代科学史研究，和中国古代科技史研究一样，多数还是从专科史的角度进行，没有很好地结合“千年未有之变局”这个大变革的时代背景。

除了上述两个主攻方向以外，我们还有两个方向值得一提：一是科学哲学与技术哲学，二是科学传播学与科学博物馆学。

科学技术哲学现在是哲学的二级学科，可是它并不等于科学哲学加技术哲学，实际上是过去自然辩证法换了一个名字而已。仍然是一个大口袋，什么都有，多数科技哲学的同行做着和哲学几乎没有关系的事情。我们科学史系纳入科学哲学和技术哲学，首先是来自西方的HPS（History and Philosophy of Science）传统，即科技史与科技哲学往往连体运作、相得益彰。

其次也是出于国情考虑。科技哲学是二级学科，而教育部不再对二级学科进行考评，也就不再单独注入资源，这样一来，大量没有哲学系的理工院校的科技哲学专业都面临生存危机。科技哲学的教师要么去马克思主义学院教自然辩证法，要么就没地方去。所以我希望，我个人的想法啊，将来科技哲学可以慢慢地向科学史这个一级学科归类。比如将来可以把科技哲学中比较偏历史的或者做科学思想史的学者纳入科技史的建制，偏逻辑的可以归入哲学系。我们把“科学哲学与技术哲学”列入清华科学史系的发展方向之一，也是想为未来国家层面的科技史和科技哲学的学科重组提供一个尝试和示范。去年在科技史学科评议组的会议上，大家一致认为科技史的学科视野应该放大，可以把科技哲学纳入到科技史学科中来。我们也是响应这个呼吁。

第四个方向是科学传播学与科学博物馆学，这在当前的中国是最具有应用前景的、也是社会需求最多的一个方向。但是，这两个方向在学科建制上恰恰都没有地位，在国务院学科目录中都没有。一方面社会需求极高，每年各种科技媒体都有大量需求，但是我们的高校培养体系又不能提供科学传播和科学博物馆的专业人员。

怎么办呢？改变学科目录不是一朝一夕的事情，我们现在只能做一些准备。光靠清华一家当然不能满足国内成千上万的科学传播和科学博物馆的人才需求。许多在职人员也需要回炉，需要进修，因为国内目前多数科学传播的从业人员都是半路出家，有些是学文的，深感自己理科知识不足，一些是学理的，深感自己文科知识不足，都需要补修。无论是回炉进修还是培养新的人才，都需要一些制度化的保障，清华科学史系愿意率先做一些尝试。

我们设置这个方向还有一个实际考虑，就是我们正在筹建清华科学博物馆，我们将采取剑桥模式，科学史系和科学博物馆将会连体运作，一并管理。在这个过程中，我们自己就需要科学博物馆的人才，因为对相关展品的分类、建藏、收集、命名、布展等工作都需要展开相应的研究工作。

清华大学缘何创办科学史系？*

尹传红： 首先祝贺您成为清华科学史系的创系主任。据我所知，目前国内仅有两所高校设有科学史系，清华创办科学史系是基于怎样的考虑？

吴国盛： 谢谢！科学史是科学与人文交叉会通的高端新型前沿学科，也是渗透文理、贯通古今、融汇中西的典型桥梁学科。许多世界一流综合大学设有相关系科，比如哈佛大学有科学史系，剑桥大学有科学史与科学哲学系。

* 接受《科技文摘报》总编尹传红采访，原载《科技文摘报》2017年6月29日第1版。

清华大学作为中国近代科学技术发展历程的最早见证者和卓越代表，为建成中国自己的科技教育体系和科技创新体系做出了历史性的独特贡献。在实现中华民族伟大复兴的新时期，更有责任在促进科学与人文的整合、西方的科学精神与中国传统人文精神的融通方面继续做出独特的贡献，承担科学史作为高等教育之主体和先锋的重任。

重新振兴文科，恢复往日综合大学之气象，是我校的总体战略布局。为了实现这一战略目标，除了大力发展传统的人文学科群和社会科学群之外，发展以科学史为核心与标志的科学人文类学科也是一条务实而有效地途径。科学文献计量学早就表明，科学人文类学科既可以增加理工医各学科间的凝聚力，又可以增加它们对社会的辐射力，为学校可持续发展提供源源不断的动力。科学史系可以成为我校文、理、工、艺、医诸学科的交叉互融的学术平台、本科通识教育和研究生科学人文之卓越教育的课程平台，有利于实现我校更创新、更国际、更人文的发展目标。

尹传红：作为创系主任，您对科学史的学科建设和教学有什么设想？

吴国盛：清华大学科技史学科将重点发展两个学科方向：

第一，西方科学技术史。这个学科方向过去长期未受到国内科技史界的重视，处在某种空白状态，而科技史要成为文理桥梁学科，在建设当代中国科学文化中发挥特殊作用，西方科技史必须成为重点发展方向。清华科学史系将西方科学技术史作为发展重点，为中国科技史学科提供示范，使这个学科方向成为中国科技史学科再建制的生长点，最终形成中国科技史界独具特色的清华学派。这个学科方向将为清华的本科通识教育和理工研究生人文教育提供强大的支持。

第二，中国近现代科学技术史。这个学科方向将研究西方科学传入中国过程中的成败得失和经验教训，为中国当代的科技政策制定和科学文化建设提供有益的启示。此外，还将结合西学东渐史与清华理工科发展史开展研究，梳理清华理工科在中国近现代科技发展史中的角色和地位。

教学方面，我们计划五年内建成包括本科、硕士、博士、博士后四个层次的完整的科学技术史人才培养体系。我校已经拥有科学技术一级学科硕士授予权（2008）。取得博士学位点，设立博士后工作站，设置本科计划，是科学史系未来五年的目标。招硕士、博士、博士后是目前其他兄弟单位的常规做法，这里不再多说。但培养本科大概是我们的一大特色。

尹传红：目前，科学技术史并没有出现在教育部制定的本科学科目录中，国外又是怎样的情况？

吴国盛：迄今为止，国内所有的高校（包括两个拥有科学史系的高校）均没有科学技术史的本科专业。但是，世界名校拥有众多的科学技术史本科计划（Undergraduate Program），包括那些并不设置科学史系的高校。比如美国高校有八个科学史系，但却有六十个科学史本科计划。

设置科学史本科计划具有划时代的意义。由于中国大学体制长期以来过度的分科化发展，文理兼通、科学与人文并重的素质教育和通识教育一直缺乏制度层面的基础和保障。近年来，促进学科交叉与综合、发展素质教育和通识教育的高等教育改革发展趋势日益得到肯定和支持，涌现了很多令人欣喜的改革举措。但是，我们也不得不看到，由于多方面原因，这种学科交叉或通识教育大部分仍然停留在文科或理科院系的内部交叉或贯通，文理交叉的力度和规模远远不够。

美国的哈佛大学、斯坦福大学、加州理工大学以及英国的剑桥大学等国际知名高校都设有关于“科学史”或“科学史与科学哲学”的本科计划。以哈佛大学为例：哈佛大学科学史系本科计划被称为“关注历史和科学”项目（The Concentration in History and Science）。其本科课程使学生有机会将历史、科学史和医学（包括医学伦理、卫生政策和医学人类学）研究与某一科学领域本身的工作结合起来。许多要进入医学院或研究科技或卫生政策的学生都对这个项目感兴趣。选择的这个本科计划的学生先修一些科学史的基础课和讨论班，然后再转入“科学史”和“科学与社会”两个不同专业方向做更多样化、专题化的训练和研究。

我国的科学史教育目前比较注重研究生的培养，而不注重本科层面，是非常严重的学科资源浪费，既不利于发挥科学史在塑造中华民族科学文化方面的独特作用，也不利于吸引优秀的本科生进入本学科深造。清华科学史系将牢记这一历史经验教训，主动把自己的事业与清华通识教育的事业绑定在一起。我们将大力为全校本科生开设科学史类的通识教育课程。

尹传红：学生拿科学史学位可以做什么呢？

吴国盛：对于这个问题，哈佛大学的回答是："一切"（everything）。他们认为，科学史本科计划所接受的训练几乎不排斥任何未来职业，因为事实证明，科学史专业的本科毕业生们在医学、法律、新闻、政府、商业、金融和学术界等诸多领域都很成功。他们之所以越来越获得用人单位的青睐，正是因为他们较为系统地接受了文理两方面的综合训练。他们不仅拥有较强的阅读、写作和批判性思维的能力，而且在进入社会生活之后拥有较强的分析问题和解决问题的能力；他们不仅在某一特殊学科上拥有专业技能，而且往往能够通过文理综合的独特视角，理解和把握事件和政策在更大范围的社会影响。

由上可知，科学史的本科计划对于国外一流大学来说，已经是一种发展得相当成熟和稳定的专业设置和教学计划。我们可以充分借鉴哈佛、剑桥等世界一流大学的成功办学经验，来推动我们的本科教育改革。

尹传红：按照国内目前通常的本科招生和培养模式，清华设置科学史本科计划会不会占用高考招生名额和指标？

吴国盛：可以不占。科学史系在有了足够强大的师资队伍、建设了比较完备的科学史本科课程体系之后，将试行本科第二学位的培养模式。

科学史系将充分利用我校强大优质的理工科生源，建设科学技术史本科生培养体系，既为本校跨文理的通识教育作贡献，也为科技史学科的研究生培养准备优质生源。由于缺乏本科层次的人才培养制度，几十年来，中国科技史学科的生源一直较差，整个学科的发展水平和质量大受影响。我校在国内首创科技史的本科教学和本科生培养，必将极大提升我国科技史学科的整体人才基础水平，在中国科技史学科的发展史上具有开创性的意义。

由于我们只实行本科二学位计划，因此有限的本科生源将主要直接升入本校或兄弟院校的科技史专业继续攻读研究生，其余少数学生愿意工作的可以进入科技政策、科技传播（媒体、博物馆等）等部门从事实际工作。

尹传红：学习科学史有什么意义？我们在学习科学知识的同时为什么还要了解科学的历史？

吴国盛：在科学已经无孔不入地渗透在人类生活各个层面的今天，我们不再对我们身边的科学表现出惊奇，我们已经对科学无动于衷。而恰恰在此时，我们需要回顾科学的历史，因为读史使人明智，阅读科学的历史将使科学时代的人们变得深思熟虑、深谋远虑。具体说来有以下几点：

首先，学习科学史可以增加自然科学教学的趣味性，有助于理科教学。历史故事总是使功课变得有趣。我们在儿时谁没有听过几个科学家的传奇故事？除了传奇之外，科学史所能告诉人们的科学思想的逻辑行程和历史行程，对学习科学理论肯定是有益的。比如，当我们开始学习物理学时，我们为那些与常识格格不入的观念而烦恼，这时候，如果我们了解一下这些物理学观念逐步建立的历史，接受这些观念就变得容易多了。

其次，科学史有助于理解科学的批判性和统一性。当代科学的专门化、专业化带来了高等教育严重的分科化，科学理论往往被神圣化、教条化。学生不知道一个理论源于哪些问题，有多少种解决问题的方案，以及为什么人们选择了其中一种并称之为科学理论。几乎没有什么比科学史更能使人认识到，科学理论不是一成不变的，它是发展的、进化着的。此外，自然科学各个分支领域相互联系的方面，在按学科分块的教科书中肯定得不到体现，而科学史却能够给出一个综合。

第三，科学史有助于理解科学的社会角色和人文意义。今天，科学对人类命运的影响如此之大，而我们对科学的本质也许还缺乏认识；过分把科学工具化、实用化，也带来了许多问题。我们正处在新世纪的起点，也处在科学发展的转折点上，未来的科学指向何方，回顾科学的历史也许能使我们有所省悟。正在成长着的一代年轻人，将主宰着未来的社会发展，如果一开始他们通过熟悉科学的历史而全面地理解科学，那么科学就能更好地为人类造福。

中国人对科学的误读*

三方面误读科学

温新红：科学最初进入中国，是想学习西方的技术，但无疑“科学”是一个被中国人以各种方式解读，以各种方式误读的词。请您谈谈中国人对科学有哪些误读？

吴国盛：主要有三个方面。第一个方面，近代中国人接

* 接受《中国科学报》记者温新红采访，原载《中国科学报》2012年7月2日《思想周刊》。

受科学，主要是由于西方列强用坚船利炮轰击我们的国门，中国人认识到，西方之所以强大，我国之所以挨打，主要是由于技不如人，而这里所谓的“技”在中国人心目中，就是西方的科学。所以，由于特定的历史条件和遭遇，中国人心目中的科学往往等同于技术。

第二个误读是中国传统文化对技术的理解往往流于器物层面，认为技术只是一种工具。甚至认为知识和知识分子也只是一种工具。如果知识不能为统治者赏识和利用，就是没有价值的。因此，中国传统文化对知识的看法具有很强的实用主义色彩，知识就是要被使用并且能够产生效用。上述两种观点支配了中国人对科学的看法。

第三个方面，在我看来，与“科学”这个译名有关。Science 是由希腊文Episteme 而来，对应的拉丁文是scientia，意思是知识。而所谓“知识”，不是我们通常所说的对信息的获得，而是与“意见”相对的具有确定性的知识。这里根本没有“分科之学”的意思。作为分科之学的英文是另外一个词discipline。日本人把science译为“科学”，是针对那时的西方科学正处于职业化、专业化、分科化阶段而言，突出了十九世纪中期那个特定历史时期的科学特征，但却遮蔽了它所由生长出来的知识论传统。

温新红：中国人为什么会对科学产生误读？

吴国盛：科学不是中华民族本土的东西，不是土生土长的事物，而是舶来品。从外面来的东西容易引起误读，这是因为中国人只能以中国文化的眼光和思维来认识这些外来事物，而在中国文化中恰恰没有“科学”这个东西。

今天的中国人往往喜欢把科学看作一种“智力行为”，这就容易把科学泛化。在我看来，科学并不只是智力行为，并不是有了智商就可以搞科学。我们中国人智商绝对不能说低，但是中国古代并没有科学。一定的智力水平作为基础，是科学所必须的，但科学最本质的东西不在智商，而是关乎文化。所以，为了揭示中国人对科学的误读，我们需要正本清源，探讨在西方的语境下科学是什么意思，从而回答科学为什么在西方出现。

温新红：科学的本质关乎文化，这怎么理解？

吴国盛：科学就其本质而言是知识。但知识是什么？中国人对知识的理解也很宽泛，我们常说“经验知识”“技术知识”等等，但西方对知识有非常严格的要求：知识必须具有确定性。西方关于科学的理想是对确定性知识的理想，这是西方文化中一个特色，而对于确定性的追求不是东方民族所热衷的。

科学最根本的追求是追求确定性

温新红：这种对确定性追求的源头是从何而来的?

吴国盛：在古希腊。中国人认为宇宙是一个变化着的生命之场。希腊哲学断然拒绝变化，从巴门尼德开始，就坚持“存在者存在，不存在者不存在（是者是，不是者不是）”。由于柏拉图继承了巴门尼德的思想，确定性、不变性成为之后几千年西方思想的主题。这一主题就是科学的思维方式的原则。科学就是寻找规律，规律是变化之中的不变者。科学定律通常以方程的形式呈现，方程即是等式，而支持等式成立的就是不变性。科学的任务就是揭示确定性、研究不变性的领域。

温新红：为什么西方人追求确定性?

吴国盛：希腊人最核心的问题是自己、自我性的问题。德尔斐神庙有句箴言叫做“认识你自己”。“自己”是最重要的，但是要通过认识的方式将自己识别出来。那什么是你自己？我们通常是通过我与他人的关系来认清自己的角色：你是你爸爸的儿子，你是你丈夫的妻子，等等，这是通过外部的眼光来确认自己，是别人眼睛中的你，是靠他人来确立的你，但这是真正的你自己吗？这种所谓的自我实际上不能自持，是处于流变之中的。我今天是老师，但是第二天被开除了，那么我还是老师吗？

所以希腊人需要在认识你自己的名下找到稳定不变的东西。只有稳定不变的东西才是真正的你自己。比如，我不可能把我还原为我的身体、我的血肉，因为人的身体在不断变化，现代生物学表明大约七年人体内的细胞会全部更新一遍，但你还是坚信你仍然是你自己，这靠的是什么？

这个把自由看做最核心价值的文明所关注的中心是：什么是永恒的、不变的和什么是不断变化的。巴门尼德的原则就确立了这样一个思想：纷繁复杂、不断流变的现象背后有永恒不变的本质，而知识的存在必须依赖“有确定性的、不变的东西存在”这一前提，必须“是者是，不是者不是”。这就是西方哲学对于实在和现象的二分，它由巴门尼德开始，最终在柏拉图手中成为西方思想的主流观念。

实在是永恒不变的，而现象是通过感官认识到的、不断变化的，对永恒不变的实在的认识是知识，是真理，而对现象的认识只是意见。从这里我们可以看到为什么西方哲学的认识论和后来脱胎于此的科学最根本的追求是追求确定性。

温新红：中国人为什么对确定性没有那么强的追求甚至不在意？

吴国盛：中国文化并不强调对这种永恒不变的实在的追求，也因此不重视知识，把问题认识清楚不是中国文化的最高目标。

儒家和道家的思维是：变化是绝对的，一切都在流变之中，一个事物可以既是又不是，因此，对于人性、人生，国人追求的是如何在不断变化的具体情境中达到中庸、获得平衡或者作出在当下情境中最好的、最恰当的具体应对。

像中国历史上“两小儿辩日”的故事，中国人止步于夸赞孔夫子实事求是的态度，却没有人质疑孔夫子，没有人非要把这个问题搞清楚。

温新红：西方文化追求的确定不变的东西是什么？

吴国盛：逻各斯（Logos），逻各斯可以翻译为“道”，但是中国的“道”却是“道可道，非常道”：如果道可以被言说出来，那它就不是真正的道。西方的道是言说（speak），确定性一定要能够明白无误地说出来。

温新红：能否举个例子？

吴国盛：希腊人对人类文明的贡献在于他们众多独特的创造，比如逻辑学、演绎数学，或者说证明科学。中国也有数学，有算术，但是deductive science（演绎科学）却是西方独有的。

三角形内角和是180度，我们中国人只要测量一下得出结论就认为可以了，如果量一个不行那就测量多个。但是希腊人会问：凭什么一定是180度呢？有什么保证它一定是真的呢？

这就需要演绎，需要证明，于是诞生了证明科学。一个定理如果能在一个体系中得到证明，那它的正确性在此体系中就是永远无法被质疑、被否定的。

不变性是自我的真谛，没有找到不变性、确定性的自我是随波逐流、随遇而安的，也就因此无法实现真正的自由。爱因斯坦说，科学有两个要素——诞生于古希腊的演绎精神和近代产生的实验精神。而爱因斯坦认为中国没有科学是不令人奇怪的，中国不可能有科学，因为两大精神都没有。由此我们可以看到两种文化在取向上的不同，西方文化把确定性、不变性、真理作为追求，而这一问题取向是从对自由、对自我的追求中生发出来的。

契约精神与科学之路

温新红：这两种不同的思维方式，背后隐含的是什么？

吴国盛：每种文化背后更核心的问题就是人文的核心："人和文"。

对人类而言，特有的事实是：所有的人一生下来，就开始置身于一种文化形式之中。这种特定的文化就允诺了一种生活方式，这种方式保证人生是值得过的，并为人生的意义作出辩护。因此，任何文化的核心都是关于如何回答"什么是人"以及"怎样实现这种理想的人性"这个问题。

“人文”一词是个词组，它同时揭示了理想的人以及达至这一理想的方式。文通“纹”，代表的是一种教化方式。“人文”就是说：有一个对理想的人的设想，然后通过文化的方式实现这种理想。故而，文化最核心的部分是它的人文理想和教化方式，形形色色的知识，具体的文化形态，都要从属于这个核心目标。

温新红：也就是说，中西文化的不同，如果要追到根源，就要从其不同的人文理想和教化方式谈起？

吴国盛：中国是个泛道德的国家，基于血缘的伦常关系是其他所有社会关系的基础，这是农耕文化最自然、最经济的方式。在这种文化中，亲情成为核心要素。西方文明，以其源头之一的希腊文明为例，其地理环境决定了他们经常迁徙的特性，这与农耕民族人口的很低的流动性形成了鲜明对比。

由于人与人之间频繁的流动，基本上没有血缘关系，那怎样组织才能形成井然有序的而不是充满了暴力和冲突的社会？这就形成西方社会契约文化。中国人之间关系的基础是天然的血缘关系，以血缘、亲情为社会联结的纽带，而希腊的人与人之间是契约关系，西方文化是契约文化，《圣经》的“旧约”“新约”是说上帝与人订约，这是源自民间早就存在的订约行为。所以，制定规则、遵循规则是西方社会构建的机制。

温新红： 两种生活方式导致了两种文明，这两种不同文化与以后能否产生科学有关？

吴国盛： 对。契约文化是西方文化的本质和核心的特征，中国文化很难走上科学与民主的道路，就在于缺乏契约传统和契约精神。

契约精神深刻融入了西方文明的血脉之中，使得他们在面对紧急事故需要作出决策的时候，就像是自组织系统那样马上自己组织投票，而中国则是希望立刻就能出现德高望重的人，中国人希望在这种时刻能有经验丰富、“年高德劭”的人来领导，而不是每个人都站出来表达自己的观点。那么这种文化最推崇的人性的什么？契约文化所提倡的对人的理想是什么？契约文化所预设的是：签约者必须是独立自主的个体，否则签约是无意义的、无效的。契约文化导致西方人具有很强的个体主义色彩：每一个人都是原子一样彼此独立的个体，而不像中国的人，是处于社会关系网格之中的节点。这种彼此独立个体最根本的特点就是自由。

科学是通往自由的必由之路

温新红： 在您看来，东西方文化冲突，究其根本，就在于把人看作有爱心的社会关系网格中的结点，还是独立自由的个体。

吴国盛：对。如果说中国文化靠“礼”来进行人的培养和教化，对希腊人讲，什么样的方法能够使年轻人懂得自由的精髓、把年轻人培养成真正自由的人呢？我认为这一途径就是科学，科学是通往自由的必由之路。

我认为，科学的目标就是实现自由的理想人性，科学是实现理想人性——即成为自由的人——的人文形式。对很多人来说，我这一观点令人很惊讶：科学竟然可以是自由的人文形式。

中国人之所以误读科学，固然有其历史原因，更核心的是因为我们的文化基因里缺乏对自由的真正认同，所以我们从来没有能够真正掌握科学的精髓，从来没有能够真正地理解和崇尚科学。

温新红：您的结论是什么？

吴国盛：我认为，中国之所以没有科学、没有演绎科学，究其根源就在于东西方文化所拥有的是不同的人性理想，而此理想决定了达至理想的方式、途径。古代中国人从来没有把科学、知识看做是通向理想人性的方式。

中国人对科学的误读是因为没有抓住自由这一科学之为科学的维度，希腊科学不是有用之学。有用之学总是要服务于外在的目的，只有无用之学才服务于自身的目的，为知识而知识才是真正的自由。中国人对科学、对知识或者任何事物的实用主义观点阻碍了对科学真正的精神气质的理解，导致中国人没有能够理解科学内在的自由的本质和起源。

温新红： 您说的“自由”是什么概念？

吴国盛： 我所说的自由是作为文化最核心的理念意义上的自由，而非政治自由或社会自由，自由作为西方哲学核心的概念，在根源上依赖于对“什么是自己”这个问题的回答。

希腊的自由是认识并追随理念的逻辑，“自由是对必然的认识”。希腊的自由基本上是一种沉思的、静观的、纯粹理论追求的自由。

当然，现代科学的发展也需要从现代的自由理念中寻找根据。科学家、科学史家和科学社会学家大都认为，学术自由，也就是自由的学术氛围和社会政治氛围是科学发展的必要前提，但自由并不是科学发展的充分条件，科学的发展还需要很多其他因素的支持。

温新红： 您刚才提到不同的生活方式影响了不同文化对“人”和“文”的理解和设定，那么，自由与科学是不是我们唯一的选择？在这种环境下复兴传统文化是否可能？

吴国盛： 选择怎样的人性理想是当代中国人人性重建的巨大难题。我认为目前中国的文化是一种不中不西的状态：科学没有学到、没有真正理解，同时，“五四”之后对传统文化的清洗使得传统文化“花果飘零”，我们的年轻一代，包括我自己都读不大懂古书，不知道祖先怎样思考和理解，这就导致我们自身文化认同的危机。虽然生活在中国，却不是真正的文化意义上的中国人或者不知道怎样才是中国人。

不可否认的事实是中国已经被完全卷入了现代化的浪潮，走上了工业化的道路，完全采用了西方的生产方式和生活方式，这是最基本的事实，而且不可逆转。更重要的是，采用西方的技术就意味着被迫采纳其意识形态，被迫接受其背后的逻辑。很多人强调“现代化不是西化”，那么现代化是什么呢？既然采用工业文明创造出了的成功生活模式，那就必然要接受其意识形态。比如我们每天接触的互联网，它就是平等分配信息的技术机制，在其最基本的架构中，平等、自由的理念早已被注入了。

当然，走出中国式的现代化道路也不是完全不可能的。我们完全可以设想，中国人在微观技术层面走出自己的特色，比如发展东方的身体技术，并且在此基础上形成一套生活模式，去处理和解决面临的问题，那是有可能的。但是，如此大规模、深入系统地利用西方的技术，但又幻想维护中国的传统思想作为文化主体，很有难度。我越来越倾向于认为，自由与科学是我们文化重建的必由之路。

我们能否重写中国科技史？*

曹静：吴老师好！在《中华科学文明史》封底上，刊登了您为本书写的推荐语："李约瑟经典著作的经典浓缩，中国科技通史的权威版本"，对此您能否作进一步解读？

吴国盛：我的推荐语讲了两句话：它是一部经典著作，它是一部权威通史。这两句话其实表达的是同一个意思。

它是经典。李约瑟以其宏篇巨制的《中国科学技术史》

* 由李约瑟《中国科学技术史》缩编而成的《中华科学文明史》，由上海人民出版社2010年12月出版。重读李约瑟，在感受中华几千年来辉煌的科学技术与文明发展历程的同时，也促使我们重新思考"李约瑟难题"。为此，接受了《解放日报》记者曹静的采访。

（以下简称李书），开中国科技史研究领域之先河，堪称经典。而由柯林·罗南缩写的《中华科学文明史》，得到了李约瑟本人的认可，亦可称为经典缩写本。现在由上海人民出版社分成上下两册出版，特别适合普通读者阅读。

它是权威通史。某种意义上说，李书集成了、代表了中国科技史的整体成就，开创了中国科技史研究的范式。李书虽然由李约瑟发起、策划、主笔，但实际上汇集了数十位东西方汉学家的智慧。与其巨大规模和篇幅可以相比的，是九十年代以来由中国大陆的科技史家集体编写（卢嘉锡总主编）的三十卷本《中国科学技术史》。但后者除了材料更加扎实、丰富，编史纲领并无根本突破。因此，我们仍然可以说，李书是一部权威的中国科学技术通史。

曹静：具体而言，李约瑟创造的是一个怎样的中国科技史研究范式和研究纲领？

吴国盛：有两个方面。首先，高度评价十六世纪之前中国人的科学和文明成就，有时在证据不足的情况，甚至不惜人为拔高。李约瑟虽然不是中国人，但对中国文化怀有深厚感情，他利用自己特殊的地位（他是英国皇家学会的会员、知名的生物化学家）用英文写作的巨著，在弘扬中国文化方面做出了卓越的和任何一位中国学者都难以企及的贡献。这一点是中国人民在积贫积弱、备受国际社会冷落时特别感激的，也是中国科技史家自觉沿袭的编史目标。

其次，李书站在今日科学发展的视角来透视中国古代科技史，用今日的科学分科、今日的科学划界标准来编排古代中国的科技文明，是一部典型的辉格史。虽然李约瑟认为，十六世纪以前中国人在充分有效地利用自然知识方面远远走在西方的前列，但是，他仍然相信近代科学是一切文明发展的最终归属。所有的原始科技，东方的、西方的，如一条条溪流汇入到近代科技文明这个“大海”中，都最终要发展到现代科学这样的形态，这是世界科技文明发展的必由之路。这就是所谓的人类科技史的“百川纳海”模型。因此，他将中国古代科技视为世界近代科技的先驱，强调它对于近代科学的贡献和推动作用。这一编史模式也为中国科技史家所继承和发扬光大。

曹静：能否举例说明？

吴国盛：比如，我们在李书中不时可以看到他就中国与欧洲之间科学技术成就的高低进行比较。李约瑟有非常广阔的世界视野，他不仅熟悉中国的情况，也熟悉西方的情况，因此他能够做这样的技术性比较。我们经常可以在书中看到，他总是力图论证某种技术、某种理论或观念中国比欧洲领先多少年，某种技术、思想或观念是近代科学的先导、先驱。

又比如，“中国古代四大发明”这个概念，这个如今的中国人老少皆知、耳熟能详的说法，实际上并不是中国本土自古以来的说法，而是二十世纪上半叶被李约瑟“炒热”的一个来自西方的说法。十六世纪的时候，英国思想家弗兰西斯·培根提出了“三大发明”，认为印刷术、火药、指南针深刻地改变了西方世界和西方历史的进程，但培根并没有说这些发明来自中国。十九世纪马克思进一步阐释了这个说法，也没有说这三大发明是中国人的。一八八四年，传教士、汉学家艾约瑟在“三大发明”之外加入造纸术，正式提出了中国古代“四大发明”的说法。但是，让“四大发明”在中国深入人心的正是李约瑟。

曹静：李约瑟以西方眼光观察中国文明，突出它对于现代科学的意义以及对西方世界的贡献，这种范式对此后的中国科技史研究产生了怎样的影响？

吴国盛：在李书之后，中国大陆的中国科技史研究有两部通史著作值得一提。一部是上世纪八十年代由杜石然等编著的单卷本《中国科学技术史稿》，一部就是前面提到的上世纪九十年代启动、二〇〇八年完成，由卢嘉锡总主编、中科院集结全国力量完成的三十卷本《中国科学技术史》。前者是一部小型的通史，做了一个初步的历史分期。后者则充实了大量资料，研究更为细致、具体。但是，总体而言，这两部书仍然是以弘扬中国古代科技成就为目的，按照现代科学的视野来编排中国古代的科技成就（通史从而也就只能是分科史的简单拼接），在思路上都自觉或不自觉地遵循了李约瑟的范式，都还限定在李约瑟的“框框”之内。这正好从另外一个角度说明了李书的权威、经典。

曹静：这部著作的确代表了一个时期内中国科技史研究的巅峰，但听您的话音，您似乎认为它有严重的不足？

吴国盛：是的，的确如此。李约瑟的编史纲领代表的是二十世纪五十年代之前盛行的版本——辉格史，也就是，把历史看成是以今天为发展目标的进步史。事实上我们知道，历史上的人有自己当时的目标，他们并不知道我们今天是怎么回事，也不可能以我们今天的样子为发展目标。所以，过去半个多世纪以来，西方科技史界努力从种种极端的辉格史中摆脱出来，努力回到历史情境之中去，发展了许多新的编史纲领。但很可惜，在中国科技史界，虽然有一些新的编史纲领和新的编史实践出现，但总体上还没有从辉格史中摆脱出来。李约瑟的确还未被超越。

当然，与西方科技史研究相比，中国科技史研究起步较晚，因此整体上没有走出积累材料整理材料的阶段，还谈不上多元化编史纲领的运用，也是可以理解的。我觉得李约瑟纲领的主要问题在于，它的读者是西方人，因而更多地从西方人的角度发掘中国文化能够为西方文化（特别是现代科学）所理解的那一部分，而没有着力阐释中国科技文明的独特性，没有把中国的科技成就和科技文明的历史发展，放在中国文化自身的语境中来考察。当然，李约瑟不可能看不到中国文明的特殊性，比如他就指出中国人的世界观是所谓的有机自然观，与西方的机械自然观有根本的不同。但是，有机自然观这个说法，仍然是从西方人角度讲的，西方也有有机自然观，而且只能从与机械自然观相对的意义上去理解。李书也不是着眼于这个无所不在的有机自然观去考察中国的科技文明史。

曹静：比如说？

吴国盛：比如说指南针。李约瑟其实也知道指南针的最初发明，是为了满足风水堪舆的需要，用于航海是很久之后的事情。但是，他并没有在指南针与风水堪舆的关系上多做文章，倒是花了不少力气论证指南针的发明以及所代表的磁学成就如何领先西方，用于航海如何在时间上领先。实际上，指南针、火药、印刷术对于欧洲来说是革命性的技术，对中国就根本不具备革命性。如果放在中国历史的语境下，它们完全是另一套故事，但这个故事目前还没有被讲出来。目前讲出来的，本质上都是西方语境下的故事。

曹静：您和某些科学史家一样认为，所谓的“李约瑟难题”实际上是一个伪命题，是否也出于这个原因？

吴国盛：是的。李约瑟预设了世界上各个科技文明最终都会，或迟或早，发展出现代科学。这个预设是错误的。如果没有来自西方的强力入侵，中华文明绝无可能自发生长出近代科学来。近代科学完全是西方文明这棵大树结出的果实，你非要问为什么梨树上没有结出桃子，这个没有多大意义。中国近代科技史非常清楚地显示了，近代中国人不是把传统科技的发展方向引向了现代科技，而是根本抛弃了传统科技，重新学习和发展西方的科技。传统科技与西方科技完全是两个不同的东西。

曹静：这个问题其实和问“美国为什么没有产生中医”一样。

吴国盛：是这个意思。

曹静：那么，在您看来，我们怎样才能突破李约瑟给我们的巨大影响和束缚，从另一种角度来观察中国古代科技史呢？

吴国盛：既要重新思考历史，引入新的编史纲领，也是重新思考“科学”：究竟什么是科学？什么是中国古代的科学？它在形态上和西方科学有何不同？……我们可以从中国科学技术的独特性着手，重写科技史。西方汉学家已经有不少新的尝试，比如美国汉学家白馥兰的女性主义技术史研究，美国汉学家费侠莉的女性主义医学史研究。在中国大陆，也已经有一些可贵的编史理念和编史实践出现，比如上海交大江晓原教授对于中国天学的研究，比如中科院孙小淳教授提出的用“两岸风光”模型代替“百川纳海”模型，都是对传统研究模式的突破。但是，这些新的编史理念在深度和广度上还有待发展，还没有落实到更广泛的编史实践中，至少还没有产生一部新的通史。所以现在我们还只能读李约瑟，或者读罗南这本权威、经典的缩写本。

曹静：这对当前的中国科技史研究者提出了巨大的挑战。

吴国盛：是的，用新视角来重写科技史，写出比肩、乃至超越李约瑟《中国科学技术史》的作品，恐怕需要二十年、三十年，甚至五十年时间，需要一两代人的艰苦努力。

中国古代有“科学”*

在吴国盛教授看来，把博物学视作合法的科学传统，会带来非常多的“利好”：有助于容纳非西方文明，可以扩展科学的含义，打造广义的“科学”指称，以及重建科学谱系。而对于学术界众说纷纭的“中国古代有没有科学”这一问题，也会因着博物学，带来沟通东西方文化、为中国传统文化的复兴提供话语框架、与西方文明有一个平等对话的位置等有利局面。中国古代有发达的博物学传统，并且具有自己鲜明的特

* 接受《中国科学报》记者温新红采访，原载《中国科学报》2016年12月23日。

色。吴国盛认为，中国古代的科学就是“博物学”。换句话说，在“博物科学”的意义上，中国古代有科学。

温新红：吴老师好！中国古代博物学有什么特点？

吴国盛：“博物学”显然是一个外来的概念框架，因为中国缺乏独立的“自然”（Nature）概念。由于没有独立的自然界概念，就不存在一个独立的自然知识门类。与西方“自然知识”相关、相类似的知识，分散在中国传统学术体系的各个门类中。传统的经、史、子、集四部文献中，均有博物学（自然志）的内容。

温新红：英国科学史家李约瑟七卷本《中国科学技术史》，以现代科学的分科原则对中国古代类似“自然”知识进行分类整理，您并不认同？

吴国盛：李约瑟范式是典型的辉格史，即按照今天占主导地位的数理实验科学的标准去重新整理中国古代的自然知识成就，其结果比起西方语境下的辉格科学史有更加明显的劣势。原因在于，中国古代基本上没有数理实验科学传统，强以数理实验科学的框架去爬梳中国的古代历史，编成的中国科学史必然是：第一，以技术充科学；第二，汇集各种各样脱离原始语境的理论、观点和言论，获得一堆为我所用的历史碎片。

而用博物学来重建中国古代科学传统就比用数理实验科学来重建，具有先天的优势，因为中国古代哲学传统较弱，但有强大的史志传统。中国学人善于记事，对事物分门别类，发掘事物之间的联系，不善对本质、道理进行抽象演绎，因此在研究自然界的事物时，采取的主要是“志/史”方法而不是“思辨推理”的方法。

温新红：能否举几个例子具体谈谈？

吴国盛：李约瑟按照西方现代数学的分类模式，对中国数学分几何学、代数进行“打捞”，他采用的方案是收集有相似性的历史碎片，比如把《墨经》中的定义（作为演绎体系的思想萌芽）、勾股计算术（作为毕达哥拉斯定理）、平面面积和立体体积的计算、π的计算等作为中国传统几何学的内容，但这些东西之间的内在联系则完全无法顾及。

汉代成书的《九章算术》共载二百四十六个算题，这些算题分成九章：“方田”“粟米”“衰分”“少广”“商功”“均输”“盈不足”“方程”“勾股”。很显然，中国算术经典多数不是按照算术的内在理路进行分类展开，而是按照实际应用类别进行分类。这表明了中国传统算术的高度外部化、社会化特征——它不是一个独立的知识类别。

又比如，李约瑟关于天文学部分的叙述，只谈与西方天文学相似的仪器、观测数据等硬事实；中国的地理学史最后缩小成对网格法制图传统的追溯；《物理学》分册则是按照西方现代物理学的分科方式，分静力学、动力学、热学、光学、声学、磁学、电学等次级学科在中国古籍中打捞相应的内容，这样打捞出来的不可能不是历史碎片。如此等等。

温新红：所以，您认为，科学史家应该突破这个范式，尝试以“中国古代的科学本质上是博物学”这一新纲领来重写中国古代科学史，开辟中国传统科学史研究的新范式？

吴国盛：中国是一个史学大国，中国学术有强烈的史/志风格，就此而言，对中国传统的自然知识进行整理，使用博物学框架比使用数理实验科学的框架更为贴切、更为自然。

必须强调的是，这种叙事不只是单纯重视中国古代的植物志、动物志的内容，而是要以博物学的眼光看待全部的中国传统自然知识。在这种眼光下，不仅植物志、动物志、矿物志是博物学，天学、地学、农学、医学都是博物学（自然志）。

最重要的是，以博物学的眼光来检视中国传统自然知识，不会打捞出一堆历史的碎片。

温新红：有学者认为，中国古代天、地、农、医，都没走出体系的路来，意思还是在观察的层次上，没有到分科的科学层次上，您怎么看待这一问题？

吴国盛：与西方相比，中国学术始终没有严格的分科，传统读书人应该是天地人兼通，这是一个特征；第二个，没有发展出专门推理讲理的技巧，而是理在事中、理事不分，擅长夹叙夹议。因此，天地农医四大学科的结构都不是像西方学术那样有自身的逻辑体系，而更多的是博物学特征。如果按照数理的眼光看，这当然是不足，但按照博物学的眼光看，反而是优点。

温新红：是什么触动您形成了这样的观念？

吴国盛：九十年代我做西方自然哲学史时就发现，西方不只有数理科学一种传统，被现代人所忽视的博物学也是很重要的一支。复兴博物学属于我“追思自然”的研究纲领的一部分，但我那时没有关注中国科技史。到了新世纪，我开始思考中国科学史的编史学问题，觉得博物学纲领用于重建中国古代科学史很合适。不过，我对中国古代科学史的了解很粗浅，博物学纲领是否合用还有待编史实践的检验。

温新红：对于中国古代博物学，现在应当如何去打捞？当下需要做哪些工作？

吴国盛：先要做一个案例。做植物学是一个办法，因为中国的植物学从来就只有博物学传统，没有实验生理学传统，但这个没有普遍意义。最好的办法是从重述数学史开始。在西方意义上，数学从来不可能被当成博物学，如果我们能够成功地把中国古算按照博物学叙事，那会是很有示范作用的。当然，除了数学，还有天文学。现在流行的看法认为中国古代天文学是中国古代数理科学的典范，如果能够按照博物学来重新编史，那也会很有颠覆性。

探访科学的历史足迹*

吸引更多年轻人走进科学博物馆

杨奕萍：吴老师，为什么想到创作《吴国盛科学博物馆图志》丛书，而且是七册？

吴国盛：二〇一三年九月，湖北省科技馆委托我主持新馆的内容建设，找到我的原因不是因为我是科技馆专家，而是因为我的科学史家这一身份，他们希望新馆以科学史为主线进

* 接受《中国环境报》记者杨奕萍采访，原载《中国环境报》2017年7月19日。

行布展。这是我进入科学博物馆界的缘分和契机。

我开始在全世界跑，去参观那些经典的、著名的科学类博物馆。从二〇一三年十二月到二〇一五年八月，我访问了国外四十三家科学类博物馆，地域遍及美国、澳大利亚、英国、意大利、瑞士、法国、荷兰、比利时，拍下了上万张照片。访问的目的最初是为了给湖北省科技馆的新馆布展积累经验。

后来，中国科技出版社的杨虚杰女士知道我去考察了这么多科学博物馆，又拍了这么多照片，建议我整理一部分照片出版成书。当时我考虑到，一方面，许多国内科学博物馆的从业人员也没有机会像我这样参观这么多的科学博物馆；另一方面，随着我国民众生活水平的提高，出国旅游成为时尚，但中国游客还没有养成参观科学博物馆的习惯，出版这么一本图文并茂的书可以吸引一些热爱科学的年轻人去参观国外著名的科学博物馆，甚至给父母带孩子去国外参观科学博物馆时做一个参考和借鉴。基于上述考虑，我决定着手编这套书，书的文字并不多，主要以图片说话，因此取名“图志”。

杨奕萍：《吴国盛科学博物馆图志》丛书适合哪些受众群？这套书的价值在于什么地方？

吴国盛：刚才说了，应该是两大读者群吧。一类是科学类博物馆的从业者、管理者，另一类是旅游者。当然对那些没有机会出国旅游的，读这套书也算是虚拟地逛了一下国外的著名科学博物馆。这么说，就应该有三大读者群。

在中国的科技博物馆工作的人多数没有机会出国参观博物馆，即使有少量的机会，也无法一下子看那么多场馆。了解发达国家的科学博物馆，可以帮助我们在布展、教育、管理上借鉴其先进经验。

对于普通读者，在准备旅游时，可以借助这套书来规划自己的旅游路线，尤其是准备参观科学博物馆，还可以作为指南。参观任何博物馆，事先都要做功课，功课做得越细，收获越大。

现在国内图书市场上已经有不少艺术类博物馆的旅游指南，帮助艺术博物馆爱好者做功课，可是科学博物馆的指南非常少。参观科学博物馆和参观艺术博物馆一样，都会面对许多陌生的东西，需要行家帮助解释，否则会看得一头雾水。参观科学博物馆似乎更需要帮助。艺术的东西，即使你完全不懂它的历史背景，似乎也可以参与审美。而科学的东西，若是一点都不知道它的历史由来，很可能就直接忽略了。

这套书里有不少科学史上的重要器具的照片（比如伽利略制造的望远镜、瓦特制造的蒸汽机、达尔文使用过的显微镜等），对于科学史的爱好者和从业者，也容易引起兴趣。

杨奕萍：游历过世界众多科学博物馆，让您印象最深的一件科学展品是什么？对国内的科学博物馆，您有何看法和建议？

吴国盛：印象最深的是二〇一四年初，去澳大利亚的悉尼电厂博物馆看到的瓦特蒸汽机。在此之前，我没有见到过蒸汽机的实物，也很少见到科学技术史上的著名实物。尽管之前我在美国参观了好几家科技馆，但美国的几家科技馆均是科学中心模式，没有历史收藏。虽然之后去了英国和欧洲大陆，见识了更多的科技文物，但因为见得比较多了，都没有第一次见到瓦特蒸汽机实物的印象深刻。

目前，国内的科技馆都是科学中心模式，没有历史收藏，全是体验性的互动展品。这固然有它的合理性，但作为一个大国，特别是一个有着伟大历史传统的大国，缺乏科技类的历史收藏，总归是一个缺陷。因此，我也经常在多种场合呼吁，国内一定要补上科学工业博物馆这个环节。

参观之前做足功课，了解主要收藏特色

杨奕萍：走进一个陌生的国外科学博物馆之前，一般需要做哪些准备工作？参观过程中，要注重哪些细节？

吴国盛：为了让有限的经费、有限的时间创造出最大的参访效率，动身之前就要做大量的功课。首先要选定哪些科学博物馆是重要的，一定要看的。这方面有许多学术著作可供参考。

在确定了参观哪个博物馆之后，还需要提前读相关的书，上网查相关信息。基本的信息，包括何时开门这样的细节，都一定要提前查清楚。讲一个我的亲身经历，因为忽略了英国国家节日这个环节，结果牛津大学科学史博物馆就没有看成。尽管为了看这家博物馆，我连经过莎士比亚故居都没有进去看一下，但结果到了牛津，这一天恰巧是中国人不太熟悉的一个宗教节日，遇上博物馆关门，结果没有看成。

除了开门时间之外，也需要大概知道这家博物馆的主要收藏特色。可以在网上先熟悉。现在互联网实在太便利，著名的科学博物馆通常都有不错的网站，博物馆里的那些“镇馆之宝”级的东西都会有初步介绍。我们可以先上网看看，形成一个基本的“概念”性意向，然后再实地去“看”，以充实这个意向。这样，参观过程就是一个颇富有建设性的过程，始终保持一种张力。

参观之后，最好要写日记。有许多当时的感受，如果不能诉诸文字，很可能将来就忘了，确实很可惜。除了参观日记，我有时候还会写一篇博客。但是，由于每次都是高密度参观，因而日记记得较为简单。不过，现在我准备毕生致力于科学博物馆事业，以后就可以更加从容地参观，有些著名的场馆还可以反复参观，这样可以积累更多的参观体验。

写参观日记，要总结本次参观的经验和教训。比如哪些工作没有准备到位，更要记下令人感触最深的东西。当然，通过写参观日记，可以帮助你进一步去读书，去查资料，帮助强化对已经“看”过的东西的认知。

杨奕萍：是什么激发了您对科学史研究的兴趣？

吴国盛：青少年时代，我最喜欢的科学家是爱因斯坦，我是读秦观根的《爱因斯坦传》开始喜欢上我现在从事的科学史和科学哲学研究工作的。在读大学的时候，我就对科学家的科学成就和科学思想很感兴趣，特别想把西方科学史上的伟大思想引入我们中国文化之中。现在我有机会推进科学博物馆事业，当然可以更好地实现青年时代的理想。在充分发挥科学博物馆的作用上，一方面可以使科学史学科“学以致用”，为社会服务；另一方面可以全方位提升全民的科学文化素质。

杨奕萍：从科学史研究到科普，您如何看待青少年科普教育？

吴国盛：中国青少年的科学教育过分注重应试、大量做题，过早地消灭了科学研究之中的乐趣，这是初等和中等教育中的普遍问题。把科学史引入初等科学教育，可以是一种纠偏的方法。让青少年多参观科学博物馆，也能起到一种很好的平衡作用。

杨奕萍：能否谈谈您近期的研究工作和长远计划？

吴国盛：我刚刚在清华大学创办了清华科学史系，近期的主要工作就是引进师资，尽快把清华科学史系建成我国科学史教学和研究的重镇。另外，就是筹办清华科学博物馆。个人写作方面，正在准备写一部学术版的《科学通史》，也可能还会出版一些科学史游记之类的通俗作品。过去几年在参观访问科学博物馆的过程中，我还参观了大量的科学家故居、墓地，像哥白尼、伽利略、牛顿"从摇篮到墓地"我都去过，很多出版社都想让我写写这些科学名家的故事。

读书

举重若轻

——读《剑桥插图天文学史》

“剑桥史”向来权威。这部《剑桥插图天文学史》在权威性上亦毋庸置疑。主编霍斯金是剑桥的科学史教授，目前正在主持出版由国际天文学联合会和国际科学史与科学哲学联合会共同赞助的多卷本《天文学通史》，他还是《天文学史杂志》的创办者和主编；撰稿者之一金格利奇是哈佛的科学史教授，以哥白尼研究著称，也是《天文学通史》的编委会主席。

这部三十多万字的著作，比起多卷本的《天文学通史》来说，只能是一部简明的天文学史。越是“简明”的历史，越是容易像一部“辉格史”，即按照当前的兴趣和意图去摆置历史而忽略实际历史情境的复杂性和历史线索的多样性。问题不在于一部历史是不是“辉格史”——现在的历史学家都知道辉格史是难以完全避免的，而在于，你是否清醒地意识到自己的“辉格”程度。霍斯金当然是意识到的。他解释说，中国的天文学和美洲的天文学不在本书的叙述之列，本书只讨论近东和欧洲的天文学传统，因为正是这个传统成为目前公认的近代天文学的来源。这个做法当然是辉格式的，而且他说欧洲的天文学已经成为全球共同的天文科学，还是有一点现代性霸权的味道，但大家通常都是容忍和认可的。他还强调说，天文学史并不是一部“确凿发现”的积累史，相反是一部异国情调的历险史。这个讲法当然十分地反“辉格”，可这是过去几十年来科学史建制化过程中追求学科自主性的结果，是所有职业科学史家的基本共识。我看也是科学史行当里“政治正确”（Political Correct）的一个标志。

照我的看法，整个西方天文学史可以分成两个时期，一个是方位天文学时期，一个是天体物理学时期，后一时期直到十九世纪中期才开始。在漫长的方位天文学史上，哥白尼是一个重要的分水岭。从欧多克斯开始直到哥白尼的西方天文学史，应被看成一部天球方位天文学史。哥白尼本人也是一位可以与托勒密媲美的天球方位天文学家——这一点被几乎所有的中国读者所忽视——他的名著本应恢复历史的本来面目，译成

《天球运行论》，可惜的是，在这本《天文学史》中还是从俗译成了《天体运行论》。哥白尼之后的方位天文学不再是天球方位天文学，可以称做“力学方位天文学”或“引力方位天文学”，也就是大家知道的“天体力学”。当然，方位天文学并没有因天体物理学的兴起而消失。

简而言之，这是一部权威的、由职业天文学史家写作的西方天文学史，简明而举重若轻。简明虽然有“辉格”之嫌，可是好读。本书主题分明、条理清晰、文笔洗练。更让人喜欢的是它的“插图”。这里的历史图片之丰富、之精美，确实是“史无前例”的。插图使之好读而且好看。

读《世界史上的科学技术》二题

一

这部《世界史上的科学技术》是由职业科学史家为大学生和普通读者写作的通俗科学通史。英文原著出版于一九九九年，二〇〇三年由上海科技教育出版社翻译出版。

过去二十多年来，中国读者比较熟悉的引进版科学通史有两本，一本是商务印书馆于一九七五年出版的丹皮尔的《科学史》，另一本是上海人民出版社于一九七七年出版的梅森的《自然科学史》。这两本书可以说统治了中国的科学通史市场二十年，但是它们的英文原作一个首版于一九二九年，一个首版于一九五六年。那个时候，科学史的学科建制尚未成熟。正在成长中的职业科学史家队伍，都把主要精力放在专科史和专题史上，无暇顾及或者没有能力顾及科学通史，结果在通史方面扬名立万的其实是一些业余科学史家。上述两本著作的作者，丹皮尔其实是一位作家，梅森是一名化学家，科学史对于他们而言只是客串而非主业。

二十世纪后期，科学史这门学科已具完备的建制，无数的科学史博士培养出来，有无数部专科史和专题史著作出版，许多大学里开始由职业科学史家来讲授科学通史和专科史课程。麦克莱伦三世和多恩的这本《世界史上的科学技术》就是作为大学教材来编写的，而他们本人都是科学史教授。

由职业科学史家来写作科学通史，其好处是不言而喻的，不过也有争议。首先一点，它是权威的。其不言而喻在于，术业有专攻，干什么事情不是专业的强过业余的？但对于科学史这门学科来说，这种“不言而喻”有时竟还有争议。原因在于，有些人对科学史这门学科的看法还停留在科学史不成熟时期，以为科学史必须处在科学的襁褓之中才可能生存，因此强调最权威的科学史只有科学家才写得出来。这个看法已经过时，因为从国际上看，职业科学史家队伍已经成熟起来，“科学史家的科学史”已经压倒了“科学家的科学史”。

“科学史家的科学史”能够更均衡地反映科学史学科的最新成就，史料功夫更扎实，编史视野更宽广，史学理论更深入。在这本《世界史上的科学技术》中，我们能见到过去半个世纪来国际科学史界讨论的若干主题闪烁其中，虽然作者有自己的偏爱和取舍。

只谈最突出的一点：它有着真正的世界视野。“通史”之“通”在于它的跨学科、跨民族、跨文化，这也是科学史界打破“欧洲中心主义”“西方中心主义”，向非西方文化寻求资源的内在要求。但我们看到，过去西方人编写的科学通史往往就是欧洲科学的历史，非西方文化的科学成就只有当它们对欧洲科学的产生影响的时候才简单提一下，比如埃及和两河流域对希腊古典科学的影响，印度对希腊化时期的影响，阿拉伯人在保存和向基督教世界传递希腊科学方面的工作。丹皮尔如此，梅森稍好一点（有一章谈到中国），但大体也如此。过去的科学通史难以做到真正的世界视野，原因一是史料不足，二是缺乏一个合适的编史框架。我认为，这本书在创制“科学通史”的框架方面有独特的贡献。它用“技术”作为通史的主导线索；它把近代科学明确定位成欧洲科学，只用了约一半的篇幅来讲述；它对工业革命以来的科学带有含蓄的反思。所有这些，都是科学史学科成熟之前的传统科学通史难以想象的。在我国，许多标榜爱国主义、反欧洲中心主义的科学史家，由于未经过职业化训练和洗礼，其实骨子里头都是欧洲中心论者。

总之，本书是一部职业科学史家为普通读者写就的科学通史，一部以“技术”而非“科学”为主线写就的世界科学通史，一部近代科学内容只占一半篇幅的反欧洲中心主义的科学史，一部以“美丽的新世界”为题含蓄地反省近代科技之发展的科学史。

二

二〇〇六年春季为研究生开了一门“科学史专题：科学革命”，秋季学期为本科生开了“科学通史”。为了配合开课，读了不少科学史的书。这些书有些是初读，有些是重读。

在“科学通史”的书中，我比较喜欢麦克莱伦等人的《世界史上的科学技术》（上海科技教育出版社2003年版）。主要理由有两个。第一，它是由美国的科学史教授即职业科学史家写出来的教科书，吸收了国际科学史界半个世纪以来的研究成果，在许多大是大非问题上有新的立意。第二，是真正的科学通史。通常的科学通史面临两个困难，第一个困难是不知如何协调科学史与技术史，第二个困难是不知如何协调西方科学技术史与非西方世界的科学技术史。本书以技术史作为基本的叙述框架，认为技术并不只是科学的应用，而有着独立的发展逻辑，改变了过去把技术只是作为点缀的做法。此外，通过这个技术史的基本叙述框架的确立，使这部科技史有一个真正的世界视野，使非西方世界并不是作为点缀而出现。

但是，作为一部世界科技通史，麦克莱伦等人的这本书会让很多读者觉得近代以来的西方科学思想史写得太简略了，而这部分内容往往是许多中国读者更感兴趣的。因此，我把复旦大学出版社二〇〇〇年出版的《剑桥科学史丛书》以及林德伯格的《西方科学的起源》（中国对外翻译出版公司2001年版）作为补充推荐读物。剑桥科学史共十一本，从欧洲中世纪一直写到二十世纪，而林德伯格的书从埃及巴比伦一直写到中世纪晚期，正好形成对接。剑桥这套书和林德伯格的书，都属于大科学史家为大学生读者写作的科学史专题著作，充分反映了过去半个世纪西方科学史界的编史成就。由于这一代有作为的科学史家（剑桥科学史丛书出版年代是1975—1995年），通常都追随柯瓦雷的科学思想史（Intellectual History of Science）研究纲领，因而多属于科学思想史。

“科学革命专题”课是为研究生在修过了入门性的“科学史名著选读”之后开设的高阶课程，因为关于“科学革命”的全方位研究正是二十世纪国际科学史界的标志性成果。围绕这个主题，不同的科学史家展示了大异其趣的编史纲领，产出了丰厚的学术文献。通过研究这个科学史主题，学生可以掌握科学史学科的大部分核心文献，了解大部分重要的编史纲领和编史方法，真正进入职业科学史家的视野和语境之中。我开列了六本阅读书目：库恩的《哥白尼革命》（北京大学出版社2003年版）、柯瓦雷的《从封闭世界到无限宇宙》（北京大学出版社2003年版）、伯特的《近代物理科学的形而上学基础》（北京大学出版社2003年版）、狄博斯的《文艺复兴时间的人与自然》（复旦大学出版社2000年版）、麦茜特的《自然之死》（吉林人民出版社1999年版）、夏平的《科学革命》（上海科教出版社2004年版）。这六本书中，伯特代表着传统的科学思想史研究纲领，柯瓦雷代表着他自己独特的思想史纲领即对柏拉图主义传统的重视，库恩代表着由柯瓦雷走向社会史、文化史，狄博斯代表着对赫尔墨斯主义、自然巫术等神秘主义小传统的重视，麦茜特代表着生态主义、女性主义的新科学史，夏平则代表着科学知识社会学对柯瓦雷传统的解构。

西方科学技术史过去不是中国科技史界的研究重点，这方面的翻译引介可谓非常不足，因此，中国作者写的西方科技史的著作很少达到专业水平。我国尽管出版的不少科技史教材，但通常参考的是西方上世纪五六十年代之前出版的科学史著作的中译本。这些老旧的著作或者不是出自职业科学史家之手——通常是退伍的科学家写的，或者编史方法非常老套——通常是按照编年的顺序对专科史的简单混杂。近几年，这个局面有所改观（上述提到的著作几乎都是在新世纪翻译引进的），西方科技史研究的最新学术成果不断被介绍过来。有了这些引进的基础，可望在不久的将来，由中国人写出专业水平的西方科学史著作来。

在这里需要提到的是两套大型多卷本西方科学技术史著

作的翻译工程。第一套是由上海科技教育出版社于二〇〇四年出版的七卷本《技术史》，原书出版花了三十年（1954—1984年），被公认是最权威的西方技术通史。自此书出版后，国际技术史界似乎迄今未有新的出版多卷本技术通史的打算。第二套值得一提的是由河南大象出版社正在组织翻译的八卷本《剑桥科学史》（与前述“剑桥科学史丛书”不同）。这套丛书的英文原书尚未出齐，大象计划中译本比原书延迟两年左右推出。过去多卷本的西方科学史要数上世纪六十年代由法国科学史家塔顿主编的四卷本，所以我一直建议将它们翻译出来，但大象引进八卷本《剑桥科学史》的举动，使翻译塔顿显得有些过时。因为这个新的鸿篇巨制，组织了更庞大的作者队伍（光第五卷就有三十三人之众），吸收了更新鲜的史料、编史方法和编史成果。从已经拿到的第三卷和第四卷看，学科史、思想史、制度史、社会史熔于一炉，观念论的眼光、社会建构的眼光、女性主义的眼光四处闪烁，可以说综合了目前国际科学史界最新的成就。它的翻译出版必将大大提升我国西方科学史的研究平台。

哥白尼研究的新突破
——读《无人读过的书》

花了一天半读完了三联书店出版的中译本《无人读过的书——哥白尼〈天体运行论〉追寻记》。这是一本与《阿基米德羊皮书》有些类似的书，但是写得更加专业化，除了科学史家以及哥白尼迷们有兴趣外，我很怀疑这个中译本也将成为一本“无人读的书”（The Book nobody read），或者“无人卒读的书”。

这本书并不只是一本猎奇手记（恰恰是这些部分会让没有任何专业背景的人读得昏头昏脑），更是一本哥白尼学说传播史的研究手记。通过对剩存第一版（263册）和第二版（310

册）能够见到的书中评注的普查考证，作者金格里奇实际上颠覆了不少流行的说法。

第一，最大的误解就是本书的标题所表明的那种误解，使得本书标题成为一个反讽。著名作家克斯特勒（Arthur Koestler, 1905—1983）在一九五九年出版的影响很大的《梦游者》（The Sleepwalkers）一书中说，哥白尼的那部名著写得过于专业和枯燥，其实没有人读。金格里奇经过三十多年的追寻，发现至少有如下九位天文学史上的重要人物读过这本书，而且读得很细、很认真，这些重要人物的批注显示了他们对哥白尼理论的接受情况：

1. 莱因霍尔德（Erasmus Reinhold，1511—1553），其批注本现藏爱丁堡皇家天文台。从批注中可以看出，他十分欣赏哥白尼借以消除“偏心匀速点”（equant）的小本轮理论，而对日心说宇宙论未置一词（第31—32页）。

2. 雷提库斯（Georg Joachim Rheticus, 1514—1674），哥白尼唯一的学生，巨著出版的直接促成者。

3. 奥西安德（Andreas Osiander，1498—1552），纽伦堡的神学家和教士，巨著初版的校对者，匿名《告读者》一文的作者。

4. 开普勒（Johannes Kepler, 1571—1630），德国天文学家，哥白尼学说的完善者。

5. 梅斯特林（Michael Maestlin，1550—1631），德国天

文学家，哥白尼学说的信奉者开普勒的老师。

6. 第谷·布拉赫（Tycho Brahe，1546—1601），丹麦天文学家。

7. 伽利略（Galileo Galilei，1564—1642），意大利物理学家、天文学家。

8. 克拉维斯（Christopher Clavius, 1537—1612），天文学家，为格里高利历法改革提供过技术支持，其《萨克罗博斯科〈天球〉评注》一书是当时有影响的天文学教科书，一五八一年的第三版中提到了哥白尼。

9. 迪格斯（Thomas Digges，1546—1595），英格兰天文学家，哥白尼学说的信奉者。

第二，人们普遍认为，哥白尼之所以要抛弃地心说创立日心说，首要的原因是托勒密体系在面对不断出现的新观察材料时，捉襟见肘，不得不添加越来越多的本轮，而哥白尼本人的日心体系只用了三十四个圆就解决问题了。金格里奇认为，这个说法可能是在一八八〇年哥白尼的《纲要》被发现之后流行起来的，因为哥白尼在这篇文章的结束语中说："看哪！只需要三十四个圆就可以解释整个宇宙的结构和行星们的舞蹈了！"好像是为了宇宙体系的巨大简化而欢呼。1969年版的《不列颠百科全书》声称到了阿尔方索国王时代，一颗行星需要四十至六十个本轮。这一说法为著名的哥白尼研究权威爱德华·罗森（哥白尼《天球运行论》一书的英文译者）所喜爱，但金格里奇注意到两点事实。第一，他使用现代电子计算机计算了《阿尔方索星表》（1252年），发现它完全基于托勒密体系，而且完全没有本轮上套本轮这样的复杂装置；第二，他发现阿尔方索星表的计算完全依赖于托勒密本人发明的一个精巧的逼近法，此方法用来处理均轮上的单一本轮的计算，而中世纪根本没有更好的数学方法可以计算多重本轮的叠加效果。（第76页）金格里奇似乎已经证明了，哥白尼与托勒密的区别既不是在观测材料方面，也不是在轮子的多少方面。很显然，在这个问题上，库恩的《哥白尼革命》（1957）中的有关论述需要得到修正。

第三，金格里奇发现，哥白尼与托勒密的区别在于，哥白尼用小本轮方法清除了托勒密的“偏心匀速点”（equant），从而回到了希腊正统思想上来：“天文学之公理：天界的运动不是匀速圆周运动，就是匀速圆周运动的组合。”这跟我过去说过的意思一样，哥白尼不满意托勒密的地方在于托勒密不够“希腊”。

第四，除上述一些颠覆性的观点之外，金格里奇还利用查访到的珍本批注，佐证了《致读者》前言的确是奥西安德所作，而且大体搞清楚了开普勒的知情经过。当然还有更多有意思的东西。比如发现了第谷同时代的一位天才的但如今不再为人所知的天文学家保罗·维蒂希（Paul Wittich，约1546—1586）在天文学革命中的作用。

这部译著有两个重要遗憾。第一，没有把哥白尼的巨著译成正确的《天球运行论》，而是从俗译成了《天体运行论》，虽然译者序中有所说明，但我仍然为新一代的科学史家放弃这个绝好的传播科学史新知的机会而感到遗憾。第二，把equant没有来由地译成“等分点”，而不是“偏心匀速点”。我曾经在《自然辩证法通讯》上先后发过两篇文章，第一篇《是天球不是天体》，第二篇《Equant译名刍议》，试图纠正国内在哥白尼问题上的两个基本失误。可惜的是，正如金格里奇在书中不无郁闷地写道，“我并没有扑灭这个谬种”（第78页），我也是。

白璧微瑕
——读《溪河溯源》

在北大科学史与科学哲学网上读到一篇文章，介绍吴以义先生的《溪河溯源》（新星出版社2008年7月出版），评价极高。我信息闭塞，居然不知道科学史界还有这样一位学贯中西的大家前辈，内心颇感惭愧。昨天晚上路过万圣书园时发现此书，遂立即买下，连夜捧读。这是一本由十八篇文章组成的论文集，其中十一篇涉及近现代物理学史，六篇涉及中国古代和现代科学史，我只粗粗翻了翻。还有一篇谈哥白尼革命，算是天文学史，据陈克艰先生前言介绍，属于他的专著《库恩》一书（台北东大图书公司1996年出版）的第三章。

恰好近些年我正在为研究哥白尼做准备，而且也主持翻译了库恩的《哥白尼革命》一书，对这一篇便读得认真一些。一眼看去，便知道作者受过严格的科学史学术训练，问题的来龙去脉交待得清清楚楚，值得国内科学史同仁学习。由于写得清楚明白，许多瑕疵也很容易看出。兹鸡蛋里挑骨头，挑出几个，就教于行家：

一、将哥白尼的巨著从俗译成《天体运行论》而未加注释说明。自从我准备研究哥白尼以来，我对这本书的译名就非常敏感。我已经写过专门的文章解释了为何“是天球不是天体”（《自然辩证法通讯》2003年第6期），这里不再多说。我认为，旁人也就罢了，一个科学史家使用《天体运行论》这样的译名而又不加注释是说不过去的。我甚至不无偏激地主张，一个对“天体运行论”这样的译名熟视无睹、从俗如流的人，是没有资格以科学史家的身份谈论哥白尼的。这是一个试金石，也是一个最低门槛。下面我们将会看到，这个试金石对这篇文章也是灵的。

二、第一〇九页的注释中说，狄克斯特霍伊斯（Dijksterhuis）的The Mechanization of the World Picture一书“有刘珺珺等中译，北京，求实出版社，1985”。此说有误，刘珺珺等译者的确在一九八五年于求实出版社翻译出版过一本《科学技术史》（作者是R.J.弗伯斯和E.J.狄克斯特霍伊斯两人），但不是注释中所说的《世界图景的机械化》。《世界图景的机械化》一书正在由我的学生张卜天博士翻译，即将由湖南科技出版社出版（已于2010年10月出版，编者注）。

三、第一一〇页作者提到“托勒密采用了三项技术，即偏心圆、本轮–均轮系统和等位点”。这个归纳合理，问题是这个“等位点”的译法。这个词Equant又是我非常敏感的一个词，因为我也曾经写过文章专门讨论过这个词的中文译法（《自然辩证法通讯》2007年第1期），我已经表明equant表达的不是空间位置的相等，而是匀速运动的参考点，因此建议译成“偏心匀速点”或者“匀速点”或者“等速点”。

四、第一一一页作者说：“但是利用这两项技术还不足以做出和行星运动的观察数据相合的星表，所以真正普遍采用的还是上述两项技术的联合使用，即等位点技术。”这个说法是错误的，因为equant技术是一项单独的技术，而不是偏心圆和本轮–均轮的联合使用。哥白尼废除了equant技术，但并没有废除偏心圆和本轮–均轮技术。

五、紧接着上面的说法，作者说：“换言之，等位点取代了地球的偏心位置，又取代了均轮圆心作为匀速的参照点位置。”这句话后半句是对的，前半句莫名其妙。Equant并没有取代地球的偏心位置，因为地球仍然处在偏心位置。

六、第一一六页，作者说在《提要》第三段中，“哥白尼认为，太阳有三种视运动，对应于地球的周年、周日运动和地球轨道的偏斜。这就解释了年复一年，太阳东升西落和四季交替的现象”。这句话一看就觉得莫名其妙，很不靠谱。对那个时候的天文学家来说，太阳只可能有两种视运动，一个周日运动，一是沿着黄道面的周年运动。一查哥白尼的原文，第三段（节）的标题确实是“太阳的视运动”，但整节的内容全部讲的是地球的三种运动。第一种运动是围绕太阳的周年运动，这个对应的是太阳在黄道面上的周年视运动。第二种运动是地球本身绕轴的周日转动，这个对应的是整个宇宙包括太阳在内的周日视运动。本来有了这两种运动就全部解释了太阳的全部视运动，但哥白尼却提出了地球的第三种运动。为什么他要提出这个第三种运动呢？这与哥白尼的巨著译成“天球运动论”密切相关。不理解“天球”就不能理解这第三种运动。

古人早就知道，黄道面与赤道面有一个大约23度的稳定夹角（今天我们知道这个偏角实际上一直在微弱地变化），正是这个夹角使得太阳光在一年中不同的日子以不同的角度照射地面，从而导致昼夜长短的变化以及四季的交替。但是，由于哥白尼像所有希腊天文学家一样相信，天空的运动全都是天球的运动，而天体不过是嵌在天球上跟着运动（天体理论上是不动的，并因此才是高贵的），因此，地球成为行星之后，哥白尼也当然假定它也是镶嵌在一个天球上运动，但这样一来，地轴与黄道面的夹角就不能在一年之中保持恒定，于是哥白尼又假想一个地轴的周年运动，这个运动抵消了地轴因嵌在天球上造成的与黄道面夹角的变化，使得地轴保持与黄道面的偏角不变。

由于《溪河溯源》的作者没有天球的概念，也就没有意识到地球的这第三种运动。当然，我相信，他并没有细读这个第三节，只是看了一下标题就想当然地发挥。其实库恩在《哥白尼革命》第五章“太阳”一节中对此亦做了明确的说明。

七、第一一六页说到金星和水星时说：“这不仅因为后两者较地球更靠近太阳，而且，对哥白尼以前的天文学家来说，此两者实在是周天除日、月外最引人注目的天体。”这个说法让人很吃惊，引人注目当然指的是亮度。水星的视星等在0.4–5.5之间，除日月外天空中的最亮者怎么可能轮到水星呢。要知道，由于水星离太阳太近，只有在黎明和黄昏很短的时间才勉强观察得到。

八、第一二〇页注谓“遗憾的是，本书没有中文全译本”，实际上1992年武汉出版社已经推出了叶式辉先生的全译本。据陈克艰前言称，《库恩》1996年在台北出版。也许手稿完成于1992年之前也未可知。

九、第一二四页说：“从严格的意义上说，哥白尼天文学实在是一行星理论，其对太阳的种种议论均在与行星的关系方面，所以对于行星运动前史的了解自然也很重要。”此话很费解。作者大概不知道，托勒密和哥白尼的天文学都是行星天文学，而且在希腊人看来，太阳本身就是一颗行星。

十、第一二六页说“亚氏的物理学大略同于今日的非生命科学”，不确。就其推重目的因而言，亚里士多德的物理学恰恰类似于生命科学。

十一、第一二六页说亚里士多德的“解释日后同基督教的教义相结合，构成了以后一两千年西方思想界对宇宙理解的正统概念系统”，这是一种人云亦云的错误说法。其实后面作者已经承认，只是从托马斯·阿奎那（1225—1274）之后，亚里士多德的宇宙理论才同基督教教义结合。到哥白尼为止，不过二三百年。

十二、第一三〇页说“如果有任何星体相对于恒星背景离我们地球较近的话，我们地球上的观察者也会看见，或更严格地说，也能通过精密的仪器观察到它们在恒星背景上的位移。这种位移天文学上叫周年视差”。这句话表明作者似乎并不明白什么叫“周年视差”。周年视差说的是地球如果绕太阳周年运动的话，那么地球上的观察者将会发现远处的恒星在不同的季节显示出不同的位置来。所谓周年视差指的就是恒星的周年视差，到哥白尼为止，西方天文学家并不认为在行星和恒星之外还有什么别的星体。

十三、第一三二页开普勒一段，颠倒了一个历史顺序。开普勒建立的五个正多面体与众天球内接外切的宇宙模型，是在成为第谷的助手从而掌握第谷的观察资料之前。接触到第谷的资料后，他至少暂时搁置了这个宇宙模型。

夜读四记

读《认识方式》

读完皮克斯通的《认识方式——一种新的科学、技术和医学史》（上海科技教育出版社2008年出版）。这是一本令人惊喜的科学史著作，作者的许多前卫观点与我本人多年来坚持并鼓吹的自然观、科学观、技术观不谋而合。从一九九〇年代末期开始，我就注意到博物学传统对于纠正数理实验传统独大独霸的意义。呼吁用科学传播替代科学普及，强调传播的双向性，是在另一个层面上弘扬多样性、均衡性。这些表面并不相干的东西居然在这部新锐的近代科技史著作中均有反映，令人颇有“所见略同”之慨。

译笔不算特别流畅。译者也似乎不是科技史和科技哲学界的专业人士，许多术语的翻译值得推敲。比如书名Ways of Knowing，译成“认识方式”太平淡了，而且漏了那个至关重要的复数。Technoscience译成“技术科学”、science studies译成“科学研讨”也太平淡了，汉语字面上一点儿也没有显示出这是一些很新的专业术语。

读《世界的智慧》

法国人莱米·布拉格的《世界的智慧——西方思想中人类宇宙观的演化》（上海人民出版社2008年出版）是一本好书，从哲学史（而非科学史）的角度对西方宇宙论的演进提供了一套独特的阐释。不幸的是，像迄今大多数译成中文的法语哲学著作一样，译者通常都缺乏基本的哲学背景。本书也不例外。我不懂法语，手头也没有原书，但从专门术语的翻译就可以看出来。cosmographie译成“宇宙结构学”挺好，cosmogonie就该译成“宇宙演化学”，却非要按照字典生硬地译成“天体演化学”（希腊人怎么会有“天体”演化的概念），cosmologie本来译成“宇宙学”正好，也非要按照字典生硬地译成“宇宙哲学”。笛卡尔的名著Traite du monde（《论世界》）居然译成“世界时间表”，把雅斯贝尔斯（Jaspers）

译成“贾斯帕”，辛普里丘（Simplicius）译成“西姆普利塞斯”，把astrologia（占星术）译成“天文学”。译者还写了一个序，可是序中并未提供通常译序都要提供的关于作者的信息，诸如生卒年月、学术背景之类，这是个遗憾。

读《科学的欧洲》

读完了《科学的欧洲》（米歇尔·布莱等主编，高煜译，中国人民大学出版社2007年6月出版）的前半部分。这是一本具有浓郁法国风格的科学史著作，柯瓦雷的名字、用语和文字经常被引用。法国算得上是科学史学科的故乡，一八九二在法兰西学院设立了第一个“科学通史”教席，一九〇〇年在巴黎召开了第一次国际科学史大会，法国科学史家迪昂（P. Duhem）、坦纳里（P.Tannery）在二十世纪前半叶也是独领风骚，更不说法国贡献了柯瓦雷这样的科学思想史大师。有志于研究西方科学史的后生们，除了英语，最好还要懂法语、德语、拉丁语和希腊语。

跟大多数译成中文的法语哲学著作不同，这本书的中译本应该算是很不错的，看来中国懂法语的历史学家比懂法语的哲学家要多一些，翻译东西也要严肃认真一些。科学史方面的专业术语、人名译得基本到位。有两处明显的错误需要提出来。第一处，把亚里士多德的“受迫运动”（相对于“自然运动”）译成“猛烈运动”（第90页、117页），这个错误从英语violent译过来也经常犯。第二处，把伽利略的《两门新科学的对话》译成了《方法论》（第73页）。这第二处错误也情有可原。伽利略的《关于两大世界体系的对话》通常简写成Dialogo，《关于两门新科学的对话》通常简写成Discorsi。译者不知道这个情况，就把前者译成《对话集》，后者译成《方法论》。

这是一本由不同的学者写作的论文集，很多是科学史高手，好几篇文章写得通俗而又深入。

读《非正规科学》

这是一本小书。三联书店的“科学人文丛书”选译了法国文化电台的记者舍普采编的两本采访录，一本是《技术帝国》，探讨现代高新技术的哲学和文化含义，一本是《非正规科学——从大众化知识到人种科学》（三联书店2003年出版）。前者早就读过，后者在最近的几次旅途中读完。

像大多数法语中译学术著作一样，译者似乎都只学过法语而未学过相关的学科，人名和专业术语的翻译稀奇古怪屡见不鲜。比如这本书里，把“林奈”愣是译成“利内”、“普林尼”译成“普利纳”、“布丰”译成“比丰”。这个书名也有问题，本来应该译成“野性的科学——从大众知识到原始科学”，这个名称对应的是法国人类学家列维–斯特劳斯的名作《野性的思维》，翻成“非正规”就显得太老外了。

怀特海在他的《科学与近代世界》中有句话总是让我时忆时新、蕴意无穷：“人类需要邻人具有足够的相似之处以便互相理解，具有足够的相异之处以便引起注意，具有足够的伟大之处以便引起羡慕。”英美学术着眼于收敛求同、论理逻辑，而法兰西学术似乎很注意发散求异，因而有发达的人类学、考古学传统。从列维–斯特劳斯到德里达，似乎都是在寻找“他异性”，确立“遥远的目光”。就此而言，关注法国学术可以极大地丰富我们的学术视野。

这本书对于我们理解原始科学有诸多启发意义，第一部分“博物学”（谢天谢地，没有译成“自然史”）尤其有趣。

现代科学为何出现在西方？

读《继承与叛逆——现代科学为何出现于西方》

读完陈方正先生近七十万字的巨著《继承与叛逆——现代科学为何出现于西方》（三联书店2009年出版）。这是一部从古埃及、巴比伦一直到牛顿的西方数理科学及其政治文化背景的历史大书。作者借助大量西方科学史家的最新研究成果，以一种颇具实证主义的态度，对各个时期数理科学的来龙去脉进行了细致的梳理，对数理科学家的家世背景和当时的国家和国际政局着墨颇多。重视希腊化时期以及中世纪的宗教小传统，重视伊斯兰世界的成就，是本书的一大特色。这部参考了四百多部英文著作，而且只涉及数理科学、只写到牛顿，但又部头很大的汉语科学史著作，是向来只关注中国古代科学技术史的中国科技史界的一大突破，无疑具有重要的参考价值。

遗憾的是，本书的标题以及导论为自己确立的目标——回答“现代科学为何出现于西方”这个应该算是“后李约瑟的问题”，无法通过本书主体这样的编史方式达到。我感觉，陈先生的书颇有萨顿的风格，采用的差不多是一种实证主义的编史方法，他只写在今天看来是“科学的”那些内容和那些人。比如，他只花了两页的篇幅来写亚里士多德，因为“他在天文学史上的影响虽然很大，却很不幸大部分是负面的”（179页）。这跟萨顿当年排斥柏拉图的《蒂迈欧篇》性质是一样的。试想想，如果没有亚里士多德的物理学，希腊天文学能够以如此坚定明确的范式一直走到托勒密吗？地心地静模式、行星运动的正圆模式，究竟是万恶之源，还是希腊数理天文学得以可能的前提？

本书的立意是要以“现代科学为何出现于西方”这样的问题来代替李约瑟的无意义的问题（现代科学为何没有出现在中国），这个立意就必定要求走出实证主义编史方法，或者进入科学思想史，或者进入科学社会史。很显然，陈先生没有采纳科学思想史的方案，很少讨论某一时期科学发展的哲学背景。由于过分关注技术性细节的来源，他甚至认为不存在所谓的“哥白尼革命”——科学思想史上最重要的一场革命。由于没有对毕达哥拉斯–柏拉图的哲学思想做细致的辨析，他所谓的“新普罗米修斯革命”显得突兀而牵强。由于没有对牛顿及其时代的哲学思想做深入的分析，他所谓的“牛顿革命”也就只是一个天才的技术性综合而已。

为了回答标题所设置的问题，陈先生在萨顿式的实证主义编史之外，补充加进了不少社会史特别是政权变迁和制度创建的内容，有时甚至是不惜笔墨，比如用了一章篇幅（第9章，49页）来讲大翻译运动和大学的出现。以此政治史、文化史的补充，陈先生不无洞见地为希腊古典科学的衰落、伊斯兰科学发展的中止等重大历史问题提供了解释。但是，以我之愚见，社会史只能解释某种科技类型的“衰亡”却不能解释它的“起源”。对于这本巨著的标题中所设立的“起源性”问题而言，社会史是不够的。在数千年的文明史上，王侯将相，显赫影响于一时，最终难免风流云散，起全局性作用的仍然是思想和观念。因此，要回答希腊数理科学的起源、近代欧洲数理实验科学的起源，还是得回到科学思想史中来。

读《近代科学为什么诞生在西方》

北大出版社的新书《近代科学为什么诞生在西方》（胡

弗著，周程、于霞译，2010年3月版）题目很吸引人，原书名是The Rise of Early Modern Science（近代早期科学的兴起），不过全书的主题的确是“为什么近代科学出现在西方而不是出现在伊斯兰世界或中国”。作者Toby Huff译成“哈夫”似更好，译成“胡弗”还以为是胡佛（Herbert Hoover）研究所那位胡佛。从网上查得，他的主业是伊斯兰世界以及发展中国家的科技政策研究。

作者是一位社会学家，差不多是默顿的忠实信徒，持有普遍科学的理念，并且相信默顿提出科学的四个精神气质，是对这种普遍科学的正确而完整的概括。这样一来，他的问题就转换成了：“为什么只有西方而不是在伊斯兰世界或中国出现了这种精神气质”。他的回答是社会学的：要从制度上找原因。

西方世界出现了什么样的制度使得科学的四种精神气质得以出现呢？作者花了很大的篇幅谈到了中世纪的法律革命、教皇革命。这个思想主要得自伯尔曼的《法律与革命》第1卷“西方法律传统的形成”（法律出版社有中译本）。一〇七二至一一二二年间的这场教皇革命，划定了教会与世俗政权之间的法律界限，也为各式各样的自治团体（法人）开辟了法律空间。这种法律上的制度安排，使一种独一无二的学术机构“大学”横空出世，成为自由学术的温床和堡垒。欧洲的法律制度与大学制度是科学的精神气质诞生的两大必要条件。

作者花了全书一半以上的篇幅讨论伊斯兰世界和中国的法律制度和高等教育制度，表明在这两大文明中均没有类似于欧洲的法律革命和法律制度，也没有类似于欧洲的大学制度，因此不可能出现现代科学。作者似乎对伊斯兰世界比较熟悉，中国部分则主要依靠汉学家的著作，特别是李约瑟的著作。他跟李约瑟一样持有普遍主义的科学理念，区别在于，李约瑟对中国更富同情甚至赞赏，而他对中国的评价更加苛刻。从普遍主义（实则是欧洲中心主义）的科学立场来看，他的看法倒是更加符合逻辑的。

李约瑟问题其实包括两个问题，第一个问题是人们常常提到的："为什么现代科学只在欧洲文明中发展，而未在中国（或印度）文明中成长？"第二个问题是人们常常忽视的："为什么在公元前1世纪到公元15世纪期间，中国文明在获取自然知识并将其应用于人的实际需要方面要比西方文明有成效得多？"在我看来，第一个问题根本是没有意义的，第二个问题相当有意义，但囿于普遍主义的科学观给不出回答。本书作者在这个问题上没有超出李约瑟。他退了一步，把两个问题合成一个回答：中华科技文明在近代之前就不怎么样，当然生长不出现代科学。

作为一个非职业科学史家，作者大量引用了过去半个世纪以来职业科学史家的文献，为我们展示了许多科学史的细节。就此而言，此书对中国的科学史家有参考价值。

对审美传统的决裂？
——读《美与科学革命》

二〇〇九年十月要参加一个“科学与艺术”的会议，为此读了些书。刘兵主编的《大美译丛》里的《美与科学革命》（麦卡里斯特著，李为译，吉林人民出版社2000年10月出版）一书是一部别具一格的科学哲学著作。

作者力图建立一套理性主义的科学说明模型。但是在他看来，理性主义模型面临两个特殊的例外，一个是美学标准的作用，一个是科学革命。这两个例外有挑战理性主义之嫌，因此本书特别针对这两个例外下功夫，构建科学发展中“审美作用”与“科学革命”的理性主义模型。这样一来就完整地捍卫了理性主义科学哲学。

作者认为科学共同体评价科学理论通常有两种方式，一种是经验有效原则，一种是审美原则。在作者看来，审美原则是经验有效原则长期积累的产物，大体相当于李泽厚先生所说的“积淀”——美是经验的积淀，审美原则是经验原则的积淀，作者称之为“审美归纳”。这样一来，审美的非理性形象就被消解了，审美的理性模型就建立了。在第九章，作者以实用艺术中审美趣味的变迁为例，有根有据地说明了审美不是什么非理性的东西：审美趣味是可以变迁的，但需要时间的积累；审美趣味只不过代表了一种习惯性的力量。他说，“占支配地位的审美准则一般来说都来源于对长期运用而确立的技术手段的独特性的顺应”，似乎颇有道理，值得技术哲学家们关注。

在此基础上，作者认为所谓的科学革命不过就是对审美传统的决裂。他的科学革命的结构分三段：第一阶段，由于新理论的审美性质与传统的相左，遭到反对；第二阶段，新理论表现出经验上的成功；第三阶段，由于明显的经验成功，传统的审美偏好被搁置一边。这样一来，科学革命的非理性形象也被消解了：只要你经验上过硬，也没有什么革命不革命的。

按照作者的科学革命理论，哥白尼理论就根本不是革命，开普勒理论才是革命。他的理由是这样的：其一，哥白尼理论与托勒密理论之间的根本区别既不在于经验预测的能力，也不在于简单性，而在于是否坚持了古典希腊人关于天体运动必须是均匀圆周运动的教条。托勒密由于引入了equant(译者译成“等轴点”，表明根本不理解这个词的意思，正确的译法应该是“等速点”或“匀速点”或“偏心匀速点”)，实际上破坏了这个美学教条，而哥白尼理论的新颖之处就在于抛弃了这个equant。其二，按照作者的科学革命理论，哥白尼根本没有引入新的审美原则，因而谈不上革命。相反，开普勒引入椭圆，引入了与希腊人完全不一样的审美原则，因而是一场革命，并且人们最终接受开普勒体系就是因为他据此编成的《鲁道夫星表》非常成功，印证了作者的科学革命三阶段理论。

作者试图挑战库恩的科学革命理论，把科学革命产生的断裂接续起来，消除其中的非理性成分，他成功了吗？我的感觉是，他的科学革命理论太简单了，不如库恩的理论能够帮助抓住了那么多的历史细节，当然是一个退步。有意思的是，在这本书里，“美”其实就是“保守”“习惯势力”的代名词。可是，难道当爱因斯坦、狄拉克这些人高调谈美的时候，其实不过只是在顽固地坚持着某种保守习惯吗？

分析传统的科学哲学家来谈“美”，我看谈不出什么东西。

中西科学文化的哲学透视
——读《古代世界的现代思考》

在几次旅途中断断续续地读完了劳埃德的《古代世界的现代思考》（钮卫星译，上海科技教育出版社2008年出版）。这真是一本引人入胜的好书，因为谈论的问题正好都是我非常感兴趣的问题。作者比我想象中的思想更灵活、眼界更宽阔、更有包容心态。过去读他早年写的《早期希腊科学》时，觉得他还是一个实证主义味道很浓的人。现在看来，即使是剑桥的教授也是可以与时俱进的。在这本书里，劳埃德有时很温和，比如在强调可通约性时；有时又显示出很显著的相对主义倾向，比如强调“凡是被人类描述为一种理想的东西往往只是反映了提出这种理想的人群的利益”。也许这里的“利益”译成“旨趣”更合适一些，否则就容易按照中文望文生义地把人类历史上的理想主义者都解构成一群“利禄之徒”了。

劳埃德对许多常见的科学哲学教条——保守的和激进的——都做了颇有见地的解构。他不同意库恩的不可通约理论，认为“任何一位判断两种严格不可通约信仰体系的评论者，都隐晦地声称他能够充分理解两者，因而也有能力进行这样的判断”。我认为他有点误解库恩（大多数人都是如此）。库恩的不可通约性不是指的“不可理解”，而是指的“不可翻译”。

他不同意理性科学是希腊人的独创，其他文明或多或少都有这些东西，而希腊人和西方人对于非理性东西的偏好一点儿也不少。他反问说，波粒二象性如何理解？三位一体如何理解？“悖论不是拿来解决的，而是拿来坚持的”，说得很精彩。

他甚至认为古希腊和古中国一样都没有一个与今天的“科学”精确对应的词汇，这恐怕有点太相对主义了。毕竟现代科学的基因还是希腊的，而不是中国的。他确实对中国古代文明相当尊敬，颇多相对主义色彩很浓的辩护。关于推理方式、真理概念、人性、教育理念等方面的希腊–中国比较，均富有启发和教益。

本书翻译得很好，严谨、精确。个别希腊术语容有优化的余地。比如doxa通常译成“意见”，以与“真理”（aletheia）相对立（82页第8行）。common reality可作“共同实在”而非“普通实在”（92页第5行）。亚里士多德的History of Animals应作《动物志》而非《动物史》（128页），特奥弗拉斯特的History of Plants应作《植物志》而非《植物史》（129页）。书名的副标题漏了“哲学”两字，应为“对希腊、中国之科学与文化的哲学透视”。

科学思想史的独特魅力
——《科学源流译丛》出版

张卜天博士主持的《科学源流译丛》第一批三本于二〇一〇年十月由湖南科技出版社出版。这个在上世纪八十年代以《第一推动丛书》掀起国内高端科普热潮的出版社，在新世纪再创新绩：它让一个初出茅庐的年轻人独自主持一套大型的科学史丛书，而且，这套丛书将主要由它的主持人独自译出——第一批推出的三种全是张卜天一人翻译。这是“爱吃辣椒出好书”的湖南出版人的风格。想当年，就是他们让二十八岁的我独自来写一本大部头的科学史著作，结果成就了《科学的历程》。

《科学源流译丛》的出版，使湖南科技再夺出版文化高地。中国引进西方科学已经一百多年，但是国人对西方科学的理解仍然肤浅。在过去那个兵荒马乱、“救亡压倒启蒙”的年代，中国人把科学只是当成救亡图存的工具和手段，根本来不及，也根本想不到要真正理解科学。眼下，中国人民基本解决了“挨打”和“挨饿”两大生存难题，是到了全面反思文化发展路向的时候了，理解西方的科学是其中最重要的文化主题。

科学史是理解科学的主力学科。中国的科技史界过去服务于救亡图存的“抗战”需要，致力于弘扬中国古代科技史，忽视了西方科学史。现在是学科转型的重要历史时期。为了发展西方科技史这门学科，首要的任务是大量翻译西方科技史著作。

过去一百年，是西方科技史学科大发展的一百年。西方同行们产出了汗牛充栋的科技史研究文献。一套丛书不可能包打天下，只能选取明确的主题，优先译出精品，以推进学科发展、推动出版界出版更多丛书。《科学源流译丛》把选题重点放在近代早期以及古希腊中世纪，并且把理解现代性作为自己的潜在主题，因而侧重科学思想史。这个选择有其合理性，因为过去五十年间，西方科技史界最优秀的作品，多关乎近代早期，多属于科学思想史。第一批推出的三本书的作者，均是科学史界最高荣誉萨顿奖章获得者，就是明证。

北大科技史学科要发展，也只能有所为有所不为。由于历史的原因，北大在中国古代科技史研究方面力量式微，无力挽回，但是在西方科技史方面反而有得天独厚的优势。北大是西学重镇，北大的科技哲学一向关注西方科技史研究。因此，西方科技史将是北大科技史学科未来发展的主打方向之一。

我在回答《科学时报》记者采访时曾经说过："我相信，这套丛书的陆续出版，必将改变'科学思想史'在中国学界长期模糊不清的形象，让中国读者真正领略'科学思想史'研究纲领的动人魅力和无限趣味。"这套丛书已出书目，都是北大科技史、科技哲学专业硕士研究生的必读书。它们也必将为培养下一代中国科学史家做出贡献。

儒家为表，道家为里
——读《中国高等教育史论》

近偶读涂又光先生《中国高等教育史论》（湖北教育出版社1997年出版），深觉其学养深厚、思路明快、语言浅显，一派大家风范。在中国文化的基本特点、当代中国大学的弊端、科学与人文之关系等一系列引人注目的重大问题上，均有独到见解，常令人茅塞顿开。此书的责任编辑陈雅峰早将此书赠我，却一直束之高阁，今日读之恨晚。

涂先生高度重视道家对于中国文化的意义，认为儒家和道家为中国文化之表里：儒家为表、道家为里。中国文化因为有道家，每能逢凶化吉。比如他说："老庄思想的积极作用，则在于一个‘放’字，帮助人冲决思想网罗，解除精神枷锁，把社会成员个人能量尽量释放出来，成为中国历史和文化的创造力量。”

他说中国高等教育史可分为三个阶段，第一阶段自上古到清末，是所谓“人文阶段”，人物以孔子为代表，著作以《大学》为代表；第二阶段清末至今日，是所谓“科学阶段”，人物以蔡元培为代表，著作以梅贻琦之《大学一解》为代表；第三阶段是对未来的预期，是所谓“人文·科学阶段”，代表人物和著作尚未出现。

中国古来的高等教育是个人的修身教育，始于十五岁，终于一生，是故不能等同于高等“学校”的教育。学校教育只是其中的一种形式，有官学太学之类，也有民间的书院。《大学》所讲的“大学”首先不是“大学校”，而是“大学问”，目标在于“明明德、新民、止于至善”，是关于人性教养的终身教育。

近代中国的高等教育来自西方。西方高等教育也就是高等“学校”教育，注重“智育”，因其“德育”已经由教会分工负责。来自西方的高校制度，其内在逻辑就是致力于发展“智育”，是故来到中国之后，开创了中国高等教育的“科学阶段”。当代中国高等教育或说一般教育的根本弊端在于，源自西方的教育制度未能承担起“德育”的职能，所谓“政治课”也不过强调政治立场或学习意识形态的“知识”，与养成人格无涉。加之中国传统人文的丧失，以及西方宗教维度的缺失，使得当今中国之国民精神陷入极端空虚之状态，惟赖科学主义勉力撑之。然科学主义于人文领域早已破产，故一方面是科学主义甚嚣尘上，一方面仍然是精神空虚、价值失落。现在必须认识到："人文问题只能用人文解决，不能用科学解决。……科学与人文的矛盾，只有用人文解决人文问题，用科学解决科学问题。""盖人生有物质生活、社会生活、精神生活，解决物质生活、社会生活的问题都要用科学，惟有解决精神生活的问题只能用人文，不能用科学。直至十九世纪末，中国数千年来都是用人文解决精神生活的问题，获得伟大的成功；惟有近五十年来竭力用科学解决精神生活的问题，谁也没有成功。"

涂先生强调，近代中国的社会转型以及文化改造之所以可能，仍然要从中国文化之中找根据。此点于我心有戚戚焉。他认为根据就在于道家思想。中体西用如此，新文化运动如此，魏源如此，蔡元培亦如此。十九世纪末，中国文化的重构原则就是中国人文加西方科学。"中学意味着人文，西方意味着科学。西方科学只有一个，没有选择余地。中国人文却有两个：儒家和道家。先是选择儒家，形成儒家人文加西方科学，这就是洋务运动。后来选择道家，形成道家人文加西方科学，这就是新文化运动。"

关于科学与人文的关系问题，涂先生亦有独特而又鲜明的见解。他认为文明不外精神文明和物质文明两家，精神文明的内容是“体道”，物质文明的内容是“用艺”。体道即是体现人文精神，用艺即是运用科学技术。“艺”即“科学技术”永远是“用”，不分民族、不分国家、不分地区、不分阶级，在西方文明是用，在中国文明也是用，而“道”即“人文精神”是“体”。中国帝制时代一直是儒家思想占上风，道艺相分，重道轻艺；而近一百年来，重艺轻道，迷信科学主义，至于丧失“中国人”的特色，甚至丧失“人”的特色。在未来可期的“人文·科学阶段”，要实现道艺统一，也就是“道体艺用”。此说亦令我喜悦，因为一年前我也试提“重返中学为体西学为用”。实现道艺统一，根据仍然是道家思想，因为与儒家不同，道家是道艺不分，道在于艺、“道进于艺”。

涂先生意识到，所谓体用之分、道艺之分、科学与人文之分只在于理论思考，在实际存在中是合为一体的，这也是为什么中国高教的“人文·科学阶段”值得期待的原因。此间理论问题未及展开，但道家的道艺同一、道进于艺的思想对于当代技术哲学的研究有深刻的启发意义。他日若有机会拜见，必就此问题讨教涂先生。

技术与技艺要分清
——读《论技术、技艺与文明》

这本书的书名很吸引我们搞技术哲学的人，于是买了一本，可是这本书一开始就让人摸不着头脑，读不懂。

这是王铭铭主编的“现代人类学经典译丛”的一本，世界图书出版公司二○一○年九月出版。从勒口到王铭铭的中译本序都说这是法国人类学家马塞尔·莫斯（Marcel Mauss, 1872—1950）的一本“真正的全集”，是“莫斯的书”，可是从封面到版权页，作者栏里又加上了另两位社会学大家爱弥尔·涂尔干（Emile Durkheim, 1858—1917）和亨利·于贝尔(Henri Hubert, 1872—1927)，这样一来，就让人疑惑，这本书究竟是一本莫斯的全集，还是三人的一个合集。

直到看了编选者法国人类学家纳丹·施郎格（Nathan Schlanger）的编者前言，才知道，本书共十二篇文章，其中第一篇是涂尔干写的，第二篇是于贝尔写的，第三篇是涂尔干和莫斯合写的。其余九篇都是莫斯一人写的。既然是编一本莫斯的“真正的全集”，不知道为什么要加入涂尔干和于贝尔的文章（事实上是极短的小文，各占一页和两页篇幅）。编者前言也没有交代。

加上编者、中文译者，这本并不很厚的书作者有五个之多，很遗憾的是，在目录里均没有标明作者，在文中前后也不标明作者，读者不小心肯定会读得一头雾水，不知道究竟是谁写的。（实际上英文本中，每篇文章下面都明确写上了作者，中文本不知何故都给删了。）

这些文章原文是法文，由施郎格组织人译成英文由剑桥和纽约的Durkheim Press出版，再由王铭铭组织学生们从英文译成中文。两次转译通常会引起一些或大或小的问题。不幸的是，本书正好出了大问题，在关键词汇方面存在严重的混乱。我指的是“技术”“技艺”以及“技术学”的翻译混乱。

从标题看，译者们是把Technique译成“技术”，Technology译成“技艺”。这个译法首先是成问题的。因为国内通常的译法正好相反，是把technology译成“技术”，把technique译成“技艺”。前者通常指与大工业技术、与科学的应用相关的“现代技术”，后者则指一般意义上的技巧、技艺、技能（请参考我的《技术释义》一文，见《哲学动态》2010年第4期）。这两者在许多场合下不能置换，比如：

This pianist has perfect technique but poor expression.（这个钢琴家技巧完美但表现力不够。）

We must develop science and technology.（我们必须发展科学和技术。）

本书的译者对标题的这种翻译“可能”部分受了法语的影响。因为在法语里，与英语technology在语源和语形上相对应的technologie一词却往往不是用来指称“现代技术”的，而是指“对技术的研究”，或可译成“技术学”或“工艺学”。相反，经常用来指一切技术（既包括现代技术也包括古代技艺）的词却是technique。也就是说，从用法上讲，英文的technology、法文的technique和中文的“技术”是相当的，是最常用的。

但是，如果受法语影响的话，标题应该译成“论技术、技术学和文明”才对。但是，毕竟，这本书是从英文译出来的，应该遵从英文的用法习惯。

不遵从英文的用法习惯也可以，但是你必须一致才行。也就是说，一旦标题把technique译成了“技术”，technology译成了“技艺”，那么，你全书必须一致，后面都必须这么译才不致于导致混乱。可事实上，由于一开始违反了用法习惯，本书后面不可能不混乱。

编者既然用了这个把technique与technology并列的标题，他一定会在某个地方，而且通常是开头的地方澄清一下这两个词的用法和区别。果然，编者在导论的开头就讲了这个问题。感谢亚马逊，让我在手头没有英文本的情况下，亦能上网查到原书的某些关键片断。

首先，中文本的封面、扉页和版权页上的原书名错了一个字母：civilisation打成了civilization。

其次，导论的原文是Technological commitments: Marcel Mauss and the study of Techniques in the French Social Sciences。中文本译成了“技术之承载：马塞尔·莫斯和法国社会科学的技艺研究”，也就是说，把technology译成了“技术”，把technique译成了“技艺”，与全书标题正好相反。

再次，从目录上看，第九篇的原文是Techniques of the Body，中文本这时候又译成了“身体技术”，与标题译法一致。

再次，第十篇的原文是Technology，中文本译成了“技术学”，与标题译法不同。

最后，第十二篇的原文是Techniques and Technology，中文本又译成了“技艺与技术”，与标题译法相反。

天啦！对于我们搞技术哲学的人来说，技术、技艺、技术学是三个意思明确，但差异极为重要的词汇，像这本书的译者们这样，随便译来译去，简直是灾难性的。根本就没法儿读。

想要搞清楚人类学家眼中的“技术”的含义的人，千万不可参考、引用这个中译本。

转译两次造成的恶果，莫此为甚。

西方科学传统的源流

——读《世界的重新创造：近代科学是如何产生的》

花了两个整天读完了荷兰科学史家弗洛里斯·科恩的《世界的重新创造：近代科学是如何产生的》。这是张卜天独自主译的《科学源流译丛》（湖南科技出版社2010年开始陆续出版）的第五本，前四本分别是《世界图景的机械化》《近代科学在中世纪的基础》《新物理学的诞生》《现代性的神学起源》。科恩这本书是写给普通读者看的，简明扼要、清楚明白，张卜天的译文清新流畅，使整个阅读充满紧张的快乐。科恩是“科学革命”方面的专家，一九九四年出版过大部头的

《科学革命编史学》（这本书马上也要被张卜天翻译出版，值得中国科学史界“严重”关注和期待），对科学史界各家论述均了如指掌。对于近代科学的起源如此重大的历史问题，作者举重若轻，理据充足地给出了一个属于他自己的颇具新意的革命路线图，一派大师风范。任何一个想了解十六七世纪科学革命的人，都应该花一点时间来读这本书。

我总体上认同作者的分析，特别是六种革命性转变的微观分析，颇见功力，但有三点疑惑：

第一，作者把雅典和亚历山大时期的科学作为两种截然不同的科学传统，过分强调了它们之间的区别，而未突显它们之间的内在一致性和内在联系。所谓雅典与亚历山大的对立，也就是自然哲学与数学的对立。这个对立在一定程度上是存在的。在亚里士多德的知识谱系里，处于最高阶段的理论知识（以下依次是实践知识、制作知识）分为三类：自然哲学、数学、神学，其中自然哲学研究运动变化的具体事物（即不能与质料相分离的事物），神学即第一哲学、形而上学，研究不运动的纯形式（可以与质料相分离），数学居间，研究那些不运动但与质料不能分离的事物。如此观之，数学与自然哲学（物理学）是有区别的。在希腊化时期，这一区别可能更加明显。欧几里得、阿基米德、托勒密这些人肯定认同自己的数学家身份。但是，即便如此，它们显然也不是两种截然不同的科学传统，而是属于同一个科学传统。这个科学传统追求确定性知识、追求从第一原理出发进行内在推演。柏拉图对希腊古典时代和希腊化时代的数理科学（包括几何学和天文学）的影响是不言而喻的，欧多克斯和欧几里得都是学派中人。亚里士多德的影响也无处不在。亚历山大的数学家们大多自觉遵循亚里士多德的物理学，而不是与之对抗。也正是因为它们同属一个传统，所以在后来的三次复兴运动（阿拉伯帝国时期、十二世纪、文艺复兴）中，只要文本条件许可，雅典和亚历山大时期的著作总是同时被翻译、传播。事实上，就我们非西方人观之，希腊数学之所以走上与东方数学完全不同的道路，完全是因为它从属于一个特定的科学传统。我觉得数学和自然哲学属于希腊科学传统的一体两翼，它们之间是互补关系而不是矛盾关系。哥白尼、开普勒、伽利略、笛卡尔均是同时继承了这个传统的两个方面，并且在这两个方面同时开展工作，他们的区别在于，有的人有的时候在一个方面做得多一些强一些，在另一个方面做得少一些弱一些。

第二，作者把欧洲近代的新传统统称为“发现的—实验的”传统，我倒是觉得这个传统应该拆分为两个传统，一个是以观察、发现为特征的“博物学传统”，一个是以干预、操作为特征的“实验传统”。前者古已有之，后者则主要得自炼金术。科恩之所以不提博物学传统，与他的研究主题着重于数理实验科学有关。

第三，作者强调科学的实用功能在十八世纪即已显露出来，并且以蒸汽机为例，说蒸汽机的发明和改进是以科学界对于真空的研究为先决条件的。这一点颇有疑问。技术史家可能会倾向认为，蒸汽机的发明与改进完全是当时采矿业发展的产物，完全是工匠和技师们根据经验琢磨的产物，而不是科学理论指导的结果。科恩说，中国式的纽可门机[①]是完全无法想象的，但我认为，纽可门机的发明并非根源于真空理论，因此，中国式的纽可门机是完全可以想象的。当然，中国式的电报机肯定是不可想象的。

① 纽可门机，1705年由英国工匠纽可门发明的蒸汽机，用于矿井抽水。瓦特在此基础上改进为人们熟知的蒸汽机。

科学革命的权威综合*
——普林西比《科学革命》中译本序

自柯瓦雷创造“科学革命”这个概念以概括十六七世纪欧洲思想所发生的激进变革以来，它成了科学史家们最热切关注的中心话题。围绕这个话题，七十年来产生了多种不同的编史纲领、数以百计的专门著作和几代优秀的科学史家。事实上，正是这个主题培育并造就了科学史学科的独特范式。我们或许可以说，时至今日，一个不深入了解“科学革命”的科学史家，不是一个合格的科学史家；一个科学史的入门初学

---

* 普林西比：《科学革命》，张卜天译，译林出版社2013 年12 月出版。

者，最好是先读关于“科学革命”的著作。

然而，“科学革命”主题已经严重发散，正像本书作者在引言中所说：“如果问十位科学史家科学革命的实质、时间段和影响是什么，你可能会得到十五种回答。”甚至，像夏平这样的科学史家根本否认存在什么“科学革命”。在这种众说纷纭、莫衷一是的情况下，对专业科学史家来说，应该去比较各家的观点和论据，去研究关于科学革命的种种编史学；而对初学者来说，则需要一本权威性的综合著作，总结各方观点的合理之处，讲述一个主题鲜明的历史故事。所幸的是，本书就是这样的著作。

作者劳伦斯·普林西比（Lawrence Principe）是约翰·霍布金斯大学科学技术史系和化学系双聘讲席教授，一九八三年毕业于特拉华大学，获化学和文科双学士，一九八八年获印第安纳大学有机化学博士学位，同年进入约翰·霍布金斯大学化学系任教，一九九六年获约翰·霍布金斯大学科学史博士学位。他的主要研究方向是近代早期化学史，特别是炼金术与化学的关系史。普林西比不仅是一位优秀的职业科学史家，而且还是一位杰出的教师，很擅长用简明通俗的语言、条理分明地讲述历史。他曾获得卡内基基金会、邓普顿基金会以及约翰·霍布金斯大学多次颁发的教学大奖。美国教学公司（The Teaching Company）从上世纪九十年代开始组织全美名师录制“名课”（The Great Courses），其中的“从古代到一七〇〇年的科学史”（History of Science: Antiquity to 1700）即由普林西比讲授。

按照天界、地界、生命界、人工界的顺序，本书既讨论了天文学—力学—物理学这个科学革命叙事的传统线索，也讨论了占星术—炼金术—赫尔墨斯主义等化学论的叙事线索，还把解剖学—医学—植物和动物博物学也纳入科学革命的范畴中。这种种线索的并存并没有损害全书鲜明的主题。作者把科学革命时期（大约从1500—1700年）通过错综复杂的连续渐变造成的最大断裂总结为，一个处处关联的、意义充满的、隐含神圣设计和无声隐喻的世界被彻底瓦解，具有宽广视野和多面经验的自然哲学家，被专业化、分科化的技术科学家所取代。革命之前的“关联宇宙论”一直或多或少地存在于革命的全过程中，它可以帮助我们理解为什么开普勒、玻义耳、牛顿等人始终坚持认识自然就是认识上帝，自然哲学是神学的分支，宗教才是研究自然的原动力；为什么牛顿会热衷于研究炼金术和圣经年代学，并且相信摩西等古代哲人早就知道万有引力定律；为什么第谷在天堡里同时进行天文观测和炼金术（他称之为“地界天文学”）的工作。甚至机械自然观的出现，也应该从“关联宇宙论”与人类日益增加的技术能力的共同背景下加以理解。

以数万字的篇幅，把近几十年发掘出来的如此之多的线索组织起来，并且提炼出鲜明的科学革命形象，这是本书的最大长处和特色。我相信，多年来深受实证主义及辉格式科学史影响的中国读者，读读本书，会有眼睛一亮的感觉。

“科学家”一词是谁造出来的?

我在《Science辞源及其演变》一文中提到：“一八三三年，在英国科学促进会的一次会议上，英国科学史家和科学哲学家威廉·休厄尔（1794—1866）仿照artist（艺术家）一词发明了scientist一词，用来指称新兴的像法拉第这样的职业科学家一族。”

这篇文章被“赛先生”微信群发之后，我收到浙江省农科院李风波先生来信，问这个说法有何文献根据，并且说维基百科上关于“休厄尔”的词条对这个问题的说法也令人生疑。我据实答复说，我只是沿袭科学史著作的常见说法，没有认真查考。今天去哈佛Widener图书馆看书，偶然想起了这个事情，上网查了一下wikipedia，关于造“科学家”单词一事，是这样说的：

Whewell's neologisms

As stated, one of Whewell's greatest gifts to science was his wordsmithing. He often corresponded with many in his field and helped them come up with new terms for their discoveries. In fact, Whewell came up with the term scientist itself in 1833, and it was first published in Whewell's anonymous 1834 review of Mary Somerville's On the Connexion of the Physical Sciences published in the Quarterly Review. (They had previously been known as "natural philosophers" or "men of science").

这里说，“事实上，休厄尔一八三三年想出了scientist这个术语，并且于一八三四年第一次发表在对Mary Somervill《论物理科学的联结》一书的匿名评论（载Quarterly Review）中”。究竟是1834年生造的，还是1833年呢？

这里引了一个关键的文献，即

Ross, Sydney (1962). "Scientist: The story of a word". Annals of Science 18 (2): 65–85.

从其他关于休厄尔的研究文献看，这篇文章的确是公认的权威文献，我在哈佛图书馆里找到了这篇文章的原文，解开了如下疑惑：

一、Scientist一词的确第一次见于Quarterly Review 1834年3月号的一篇匿名书评。

二、根据1876年（休厄尔去世十年后）出版的一部休厄尔传记(I. Todhunter, William Whewell, an account of his writings, with selection from his literary and scientific correspondence, London, 1876)中的说法，Quarterly Review杂志的编辑J. G. Lockhart让休厄尔对Somerville夫人的那本书做了匿名评论。

三、在休厄尔的这篇匿名书评中，他写道：

“科学的趋势长期以来一直是不断分裂和分解……数学家与化学家分手，化学家与博物学家分手；数学家自己又分裂为纯粹数学家和混合（应用）数学家，相互成为客人；化学家有可能是一个电化学家，那他就把通常的化学分析留给别人了；在数学家和化学家之间是physicien（我们没有关于他的相应的英语名称），他研究热、水汽之类的东西。这样一来，即使是物理科学也丢掉了所有统一性的痕迹。这个结果的一个新奇的表现或许就是人们需要一个名字，以便统一的指称学习物质世界知识的学生们。我们被告知，过去三个夏天在约克、牛津和剑桥召开的英国科学促进会的会议上，成员们感觉这一困难是非常难以忍受的。这些先生们没有一个统一的术语能够描述他们的工作。哲学家（philosophers）一词让人觉得过于宽泛过于高傲，并且被柯勒律治先生以语言学家和形而上学家的身份恰当地禁止了；学者（savans）一直被采用，但它是法语而不是英语；某些机敏的先生（休厄尔本人）提出，我们可以仿照artist（艺术家）构词scientist，并且说我们已经有sciolist（一知半解者）、economist（经济学家）、atheist（无神论者）之类的词，我们也不必为冒昧使用这个词而感到内疚。但这并没有得到一致的认可。另一些人想把德国科学促进会的成员们描述自己的词翻译过来，但是很难找到natur-forscher(自然研究者)相应的英语词汇。”

我们需要注意休厄尔只是说“某些机敏的先生”，是引者Ross加上了（休厄尔本人）。但是，这个添加可以认为是合理的。其一，因为是匿名评论，休厄尔不能点出自己的名字；其二，生造这个新词的建议在他本人六年后即一八四〇年的著作《归纳科学的哲学》中又正式说了一遍，也从未见其他人申明首创权或表明类似的意思；其三，发明“科学家”一词在当时并没有被认为是一个正面的贡献，根本没有科学家愿意使用这个词称呼自己，所以无贪功之嫌。

四、通常所说的“一八三三年在剑桥的会议上提出”，实际上也没有严格的文献根据。按照上述说法，休厄尔完全有可能一八三一年就在约克的会议上就提出过，而且以后两年在牛津和剑桥开会时都讲。但是，取一八三三年肯定是比较稳妥的做法。

这就是“休厄尔一八三三年在剑桥召开的英国科学促进会会员会议时生造scientist一词”的历史由来。

为什么还没有一部中国古代科学通史？

科学通史

科学通史（General History of Science）是一种相对于专科史而言的科学史编史形式。在科学史学科的发展史上，最先出现的是专科史，比如电学史、力学史、数学史、化学史，通常由科学家写成，是所谓“科学家的科学史”。十九世纪前半叶，法国哲学家孔德主张编写科学通史，即强调科学各门分支学科的统一性，以及科学与社会文化之间的交互关联。法国科学史家唐纳里（Paul Tannery, 1843—1904）进一步阐明了科学通史的编史思想。科学史学科的创始人乔治·萨顿继承了科学通史的编史纲领，强调只有通史才可能在科学与人文之间架起桥梁，才可能在创造新型的科学文化中发挥突出的作用。

萨顿反复强调，通史不是各门专科史的汇集："科学史远胜于所有各种专门学科历史的并列，因为它的主要目的是说明所有各种科学之间的联系、它们彼此合作的成就、它们的共同目标和方法。""科学史的内容远比各门专业科学的历史的总和要多得多。各门专业科学的历史必然是技术性的内容要更多些，而在科学通史中，人文的因素和社会的因素则更为强大有力，因为科学通史不仅涉及科学的各个分枝、它们之间的内在联系和相互影响，而且要讨论它们全都接受的所有各种社会影响与哲学影响之冲击。"[①]他还说，通史不是比专科史更大的学科，而是不同类型的学科。如何写通史呢？萨顿说："划分科学史的唯一合理方法不是按国家和按学科而是按照年代分期。对于每一个历史时期，我们必须同时考虑科学和文明发展的整体。"[②]鉴于萨顿的学科创始人地位，我们或许可以说，科学通史的出现标志了科学史学科的诞生，科学通史是典型的"科学史家的科学史"。

---

① 萨顿：《科学的历史研究》，陈恒六等编译，上海交通大学出版社2007年版，第106–107页。引文中的"科学通史"原译文作"一般科学史"。

② 萨顿：《科学的生命》，刘珺珺译，上海交通大学出版社2007年版，第32页。

在科学史学科的草创时期，虽然创始者都立志要编写通史，但没有一个人真正完成过一部完整的科学通史。萨顿的《科学史导论》只写到了十四世纪。第一部有国际声誉的科学通史是由法国科学史家勒内·塔通（Rene Taton, 1915—2004）主编的四卷本《科学通史》（General History of Science, 1957—1964）。最近出版的科学通史是由林德伯格（David Lindberg,1935—2015）和南博斯（Ronald Numbers, 1942—）主编的八卷本《剑桥科学史》（原书尚未出齐，中译本由大象出版社陆续推出）。这两部重要的通史都是集体合作的成果。像历史学界那样少数历史学家独自写出数卷甚至数十卷的世界通史的英雄时代，在科学史界从未出现过。

为什么需要科学通史，萨顿已经讲得十分清楚。科学史的崇高目标是展示人类的统一性、科学的统一性和自然的统一性。在这个分科化愈演愈列的时代，科学史起一种文化整合的作用；在这个种种文化冲突（中西冲突、传统与现代冲突）仍然此起彼伏的时代，科学史起联络和沟通作用；在这个科学越来越技术化从而远离普通公众，但又越来越影响普通人日常生活的时代，科学史帮助填平科学与公众之间的鸿沟。比起职业科学史家，普通读者更需要科学通史。

中国科技通史

由江晓原教授总主编（其实各卷并无“分主编”）的《中国科学技术通史》（以下简称《通史》）于二〇一五年十二月由上海交通大学出版社出版。《通史》皇皇五大卷、三百余万字，一问世就引起了读书界广泛的关注。我想，“通史”二字可能是其引人注目的重要原因。据媒体报道，这个项目的由来是有中央领导希望有一部中国人自己写成的中国科技通史。从它引起的反响来看，普通的中国读者渴望通过阅读一部通史，形成中国古代科学技术的整体印象，了解中国古代科学技术的发展脉络，而对中国古代科技史的技术性细节并不关注。

不幸的是，我认为，这个五卷本《通史》并不是一部“通史”。

由《源远流长》《经天纬地》《正午时分》《技进于道》和《旧命维新》五卷组成的这部“通史”，除了第五卷有明确的年代意味（自明末清初西学东渐以来）外，其余四卷均无明确的时间线索。仔细分析起来，四卷内容仍然是中国科技史界熟悉的分科史和专门史的汇集，其中《技进于道》严格限定在技术史，地学主要出现在《经天纬地》卷。通常以“天算农医”分别归类的中国科技史主体内容，以一种很难察觉到的分类原则分在余下的三卷中。

比如天文学（标题后面的数字为卷数）有：中国古代天学概述（一）、古代中国人的宇宙观（一）、中国古代天文观测与历法（二）、敬授民时：中国古代历法及其性质与功能（二）、刘歆与上古天文历史年代学（二）、中国古代的计时仪器（二）、中外天文学交流与比较（三）、天文与外交：官方背景下的中朝天文学交往（三）。

比如算学有：简牍文献与中国数学史（一）、《九章算术》与刘徽（一）、筹算与珠算：中国传统数学中的算具（三）、天元术与四元术：中国古代的代数学（三）、垛积术与招差术：中国古代的级数求和与插值法（三）、李淳风与唐代数学（三）、中国传统数学在汉字文化圈的传播与影响（三）。

农学有：中国农学及农学概念之演变（一）、中国历代官私农书综览（三）。

医学有：从简帛医籍到经典成立（一）、医学流派与理论学说（三）、药物知识与本草学的发展历程（三）、宋慈、《洗冤集录》与司法检验体系（三）。

因此，大体说来，这部《通史》或可称为一部《中国科技史大辞典》或《大文集》。当然，必须强调的是，“辞典”或“文集”的作者们有的是参加过卢嘉锡版写作的资深专家、有的是学界新秀，但都有自己突出的专业特长，代表了某个领域的最高水平。由于总主编极度宽容，不加节制，作者们得以在书中恣意发挥、大展其才。有的条目只有十六页（“中国古代的世界地理思想”），有的条目可占七十六页

（“徐家汇观象台：欧洲观象台在中国”）。由于作者“阵容豪华”，这部“辞典”或“文集”的确十分好看。但是，它仍然不是一部“通史”。

这其实也是一种普遍现象：我们通常接触到的中国科技史著作几乎都是专科史、专门史，或者它们的汇集、汇编。业内外人士都知道，中国科技史学科的实际开山祖师是英国人李约瑟，开山之作是李约瑟的《中国科学技术史》，而这部七卷二十七分册的大书其实就是各种专科史的汇集。它的第三卷讲数学、天学、地学，第四卷讲物理和机械，第五卷讲化学与化工，第六卷讲生物与医药，都是分科史。第二卷讲科学思想史，第一卷是为西方读者写作的准备性的中国历史、地理、文字和中西交流概况，第七卷讲社会背景，都是专门史。

河北科学技术出版社于一九九八年出版的由卢嘉锡、路甬祥主编的《中国古代科学史纲》，大开本，一百九十万字，读者若“顾名思义”会误认为这是一部纲要性的中国科技通史，其实不是。这个大部头的著作实际上由数学史纲、物理学史纲、化学史纲、天文学史纲、地理学史纲、生物学史纲、农史纲和医学史纲八个完全独立的部分组合而成，完全没有展示中国古代科技的统一性。

然而，并非没有通史写作。上世纪八十年代开始启动、九十年代全部完成的卢嘉锡总主编的《中国科学技术史》，共三十卷，分综合类五卷，专史类十九卷，工具类六卷，是半个多世纪来中国大陆中国古代科技史研究的集大成之作。在综合类中有专门一卷通史，此卷由杜石然主编，约一百五十万字，二〇〇三年出版。主编在前言中说，该卷是《中国科学技术史稿》（1982年出版）的修订和增补版，可以看成是代表了直到二十世纪末最新研究水平的中国科技通史。

《史稿》虽然是集体创作，但的确是一部“通史”：它有明确的年代线索和断代标准，而且提出了“中国古代科学技术体系”的构想。前言中说：“这里所谓的体系，不仅表示可与世界其他古代文明中心明显相区别的若干特点，而且还表示它也具有着可以不断向前发展的内在的力量，即不断提出尚待解决的问题，并且能够找到解决这些问题的途径和方法，从而得到了长时期的持续不断发展。”[①]中国科技自成一体，有自己的内在目标，有自己的问题，也有自己独特的解决办法，因而可以编出一部中国科技自我展开的历史。且不论该书是否达成了这个理想，但从编史的目标到编史的方法，都的确可以认为这是一部“中国科技通史”。有些主攻中国古代科技史的学位点多年来以《史稿》为研究生入学考试的参考书，也从一个侧面反映了它的确是一部难得的中国科技通史。

然而我的问题是，为什么没有一部中国古代“科学”

---

① 杜石然等编著：《中国科学技术史稿》（上册），科学出版社1982年版“前言”。杜石然主编的《中国科学技术史·通史卷》（科学出版社2003年出版）“前言”里以引用的方式重复了这部分内容。

通史？

我们多见到中国古代的“科技史”著作，而少见中国古代的“科学史”著作，更没有见到一部单卷本的“中国古代科学通史”著作。其实，从传播角度看，一部不太厚的单卷本通史著作拥有最多的科学史读者，能产生最大的科学史传播效果。许多年前我曾经私下向江晓原教授建议写一部单卷本的中国科学通史，他未置可否。不料，在复旦大学出版社于二〇一〇年推出的《我们的国家》系列丛书里，他竟然写了一本《技术与发明》。在书的“导言”中，他隐约拒绝了“中国古代科学史”的概念，但未深究。由他代表中国科技史界写出来的中国古代文化的这一部分的名称就是：“技术与发明”。

为什么没有一部中国“科学”通史？

为什么我们至今只有这样那样的中国古代“科技”史，而没有中国古代“科学”通史呢？原因似乎是，中国古代有无“科学”（不是“科技”）的问题从来没有被职业史家们严肃而且认真地探讨。我们默认科学与技术不必分开，默认中国古代有技术从而有科技从而有科学，结果我们写出来的都是“科技史”，不是“科学史”。一旦较真就会发现，写一部不掺杂技术史的中国古代科学史，特别是科学通史，其实很不容易。“科学通史”需要叙述自成一体的“科学体系”在时间世代中的自我展开。要写这样的“中国古代科学通史”，首先就要搞清楚，中国古代自成一体的“科学体系”是什么？

许多史家很不屑甚至鄙视编史学，可是，编史学并不因为你不屑或鄙视就不存在，只不过通常以一种隐蔽而未加反思的方式存在，并且情况似乎是，你越是无视或回避，编史学就发挥着越加强大的作用。中国科技史家不愿意讨论中国古代有无“科学”的问题，结果就是写出了很多“科技史”的著作，但没有“科学史”著作。只要你试图写一部“科学通史”，你就免不了要回答相关的编史学问题。

首先，必须区分科学和技术。即使你要谈科学与技术的结合，前提也是能够明晰地区分科学和技术，否则谈不上结合。从西方语境中看，只是从十九世纪中期科学才开始技术化、从而科学与技术一体化，之前的科学与技术是相对独立的，因此，一部西方科学史是可以独立写作而不必与技术史关联在一起。即使到了十九世纪之后，由于科学在技术化的同时还伴随着职业化和专科化，因此，纯粹科学仍然有强大的传统和惯性；即使今天我们说前沿科学都有技术后果，但区分科学与技术原则上还是可能的。事实上，只是在区分了科学与技术之后，我们才能理解为何出自西方的现代技术能够征服全世界、压倒性地驱逐一切传统技术：现代技术之所以无比强大，不是因为西方有强大无比的技术传统和心灵手巧的工匠，而是因为它来自现代科学。

其次，必须强调科学首先是一种出自西方的文化现象，必须在西方文化语境下澄清科学的含义。即使你要谈中国特色的科学，前提也是能够清晰地界定本原意义上的“西方”科学，否则就无须谈“中国特色”。

中国的科技史家们一方面默认科学与技术不分，另一方面又默认“科学”就是西方现代科学，这就使得关于中国科技史的研究陷入内在的矛盾。如果默认科学就是西方现代科学，那么科学和技术是可以分得清楚的，就不能默认科学技术不分。问题可能在于，如果按照西方现代科学的标准去编写中国古代科学史，那么可写的东西就太少了；在默认科学与技术不分之后，就可以多一些东西。比如把机械技术写进物理学卷，把酿酒、造纸写进化学卷。

用西方现代科学的标准来写中国古代科学史，一个最明显的后果就是，这样的“历史”只能写成碎片的集成。西方现代科学有自己的问题域、自己的方法论、自己一以贯之的历史线索，它们有分有合，与宗教、哲学、艺术等其他文化形式密切的互动，可是这些架构在中国文化中均不能成立。从哥白尼革命开始到牛顿力学的建立，有内在的历史线索；牛顿之后一直是牛顿模式被到处复制的历史，直到爱因斯坦颠覆这一模式。可是，在《墨经》中获得的时空观，是否一直支配着以后的中国“力学”发展史，或者被颠覆呢？没有。墨子的时空观是一个孤案，正如发现磁偏角是一个孤案一样，不存在一个统一的“中国物理学”传统对它们进行包容和贯通。

正是因为“科学”被默认为西方现代科学，中国的“科学”史就必然会写成碎片的集成，而碎片的集成最方便通过分科史来实现，因此，中国古代科技史的主要研究模式是分科史，分科史的主要研究模式是专题史。如此看来，江晓原版《中国科学技术通史》写成了中国科学技术“大辞典”“大文集”，其实反映了目前通行的中国科技史研究纲领的内在逻辑。总主编只是顺应了这个逻辑，反映了这个实情。

要写一部中国古代科学通史，首先要研究编史学问题：什么是中国古代的“科学”？拙著《什么是科学》（广东人民出版社2016年8月出版）试着建议用“博物学”的编史纲领来重建中国古代科学史，是否可行？愿识者评之论之。

大美至简
——读《七堂极简物理课》

编辑寄来意大利理论物理学家罗韦利教授的《七堂极简物理课》（湖南文艺出版社2016年出版），请我写一篇书评，并说这是自《时间简史》以来最成功的科学读物，比情色小说《五十度灰》还畅销。我花了两个小时读完了它，又花了一个小时思考它为何如此畅销。

毫无问题，“极简”是它畅销的根本原因。

首先这是一本很薄的书，小三十二开本，不到一百页，中文也就是四万字的样子。现代人都很忙，太厚的书、要花很长时间才能读完的书不容易抓住普通读者。

当然，单纯的书薄绝不可能导致畅销。关键是，这是一本讲述现代物理学前沿理论的书，这样的书居然也能写得很薄，而且浅显易懂，而且充满情趣，那就该它畅销了。

作者是一位前沿的理论物理学家，对物理学的艰深理论，有自己的理解和把握。更难得的是，他能够把20世纪物理学中的革命性理论概括成简单而质朴的观念，这样的概括即使在内行看来，也很有启发。比如：

第一课，什么是广义相对论的基本思想？答：引力场不弥漫于空间，它就是空间本身。（第8页）

第二课，什么是海森堡量子力学的基本思想？答：如果没有受到打扰，电子就没有固定的栖身之所，它甚至不会存在于一个所谓的“地方”。（第21页）

第三课，宇宙的构造是什么？答：这个布满星系、富有弹性的浩瀚宇宙是大约一百五十亿年前由一个极热极密的小星云演化而来的。（第35页）

第四课，粒子如何？答：屈指可数的几种基本粒子，不断地在存在和不存在之间振动、起伏，充斥在似乎一无所有的空间中。（第45页）

第五课，广义相对论与量子力学是矛盾的，怎么办？答：结合它们，让物理空间也由量子构成。（第52页）

第六课，就算相对论与量子力学统一起来，物理学就不再有内在矛盾了吗？答：还有，热力学和它们都不对付。在引

力、量子力学和热力学三者的交叉地带，许多问题纠缠在一起，而时间就位于这团乱麻的中心。（第74页）

第七课，我们是谁？答：我们是观察这个世界的主体，是这幅科学的世界图景的创作者，但是，我们也是这个世界的一部分。

这七课，讲得真是简明扼要，但又深得现代物理学的真谛。当然，由于篇幅所限，这些深刻的话题都没有展开。

十多年来，我也在多个场所向观众讲述过类似的话题。我讲相对论、量子力学，讲它们之间的矛盾和冲突，讲热力学与时间问题，也讲科学与人。我得承认，物理学部分我没有他讲得精彩。在讲科学与人的时候，我和这位物理学家的立场有很大的区别。一个彻底的自然主义者，通常也是一个彻底的悲观主义者。作者说，“我认为，我们这个物种不会延续很久”。他还说：“在地球上，我们也许是唯一知道我们的个体必将死亡的物种，我害怕在不久的将来我们也会成为唯一一个眼睁睁看着自己末日到来的物种，或至少是见证自己文明灭亡的物种。”这样冷静地谈论人类物种的灭绝或者人类文明的灭亡，并且视之为宇宙间寻常的事情，这是我做不到的。

序《过时的智慧》*

十多年前，当我在北大为全校本科生开《科学通史》课程的时候，我就想写一部名为“科学通史”的教材。这个写作计划一拖再拖，到现在也没有完成。去年，胡翌霖对我说：“您的《科学通史》怎么还没有写出来，再不写我可就先写了。”我说：“那你就先写吧。”果然，今年初他就把这本书稿的电子版发给我，让我写一个序。

胡翌霖是一个写作快手。他在北大哲学系读本科期间

---

* 胡翌霖：《过时的智慧——科学通史十五讲》，上海教育出版社2016年7月版。

就开了一个有自己域名的博客，博客上发表的均是学术性文字，平均每天能写数千字。多年的写作训练使他有很强的驾驭文字的能力，写作于他仿佛不费吹灰之力。他在读博士期间就出版了一本《科学文化史话》，现在这本《过时的智慧》又要与读者见面了。

胡翌霖的文字平实、明快，时有口语化、网络文字的风格，读他的学术性文字也觉得很轻松愉快。但是，这种深入浅出、通俗易懂绝不只是写作能力强的表现，而首先是思想本身的朴实和原发性使然。比如，他有时打一个比方，就能把艰深的哲学问题说得很透彻。

这本书是他在北师大做博士后期间开设的“科学通史”课程的讲稿，与国内通常的科学史著作相比，有不少独特之处。或许可以说，这些独特之处都体现了“吴门”把科学史与科学哲学相结合的学术风格。胡翌霖跟随我读了硕士和博士，对我所主张的科、史、哲的有机结合有很强的认同，在结合的过程中也多有自己的原创。比如，在这本书里，他有很强的编史学自觉，主动承认历史总是要省略，因而对于本书把叙事重点放在近代早期有自己的根据，不像许多科学史作者只是随大流选择历史材料、凭感觉分配篇幅。再比如，他强调印刷术对于近代科学革命的决定性意义，是出自他独创的媒介现象学观点。他的博士论文《媒介史强纲领——媒介环境学的技术哲学解读》系统发展了一种媒介存在论的哲学理论，为技术史的研究提供了一种新的视角。书中关于希腊科学的解读、关于中世纪基督教与科学的关系、关于数学革命，都吸收了西方科技史界的最新成果，为国内多数科技通史著作所不及。当然，书中经常出现的富于思辨和哲理的文字，显示出本书作者深厚的哲学背景，是本书的另一长处。

胡翌霖虽然是哲学科班出身，但有很好的理科基础。上大学之前，他就是理科实验班学生。进入北大哲学系之后，仍然选修了许多理科课程。本书中涉及不少科学的具体内容，我觉得写得很内行很到位，比如最后一讲中关于相对论和量子力学的讲述。

我很愿意向读者推荐这部文风活泼、篇幅适中、亮点纷呈的科学思想史著作。

回应

对批评的答复*

——关于《什么是科学》

拙著《什么是科学》（广东人民出版社2016年8月）出版之后，引起了同行学者以及众多读者朋友的关注。《中华读书报》先后发表了张祥龙、何光沪、刘钝、罗嘉昌、孙小淳、江晓原、刘兵等7位知名学者的评论。本期的《哲学评论》又有吴彤和颜青南山两位教授的长篇专题论文。我首先对学界朋友们的批评和评论表示感谢。爱因斯坦曾经在答谢批评时说过："人们只会同他的兄弟或者亲密的朋友发生真正的争

* 原载《哲学分析》2017年第2期。

吵；至于别人，那就太疏远了。”这也代表了我的想法。

引起争论的有如下主题：第一，希腊科学是科学的正宗来源；第二，基督教作为现代科学的必要条件；第三，中国古代缺乏数理科学传统，但有发达的博物学传统。本文依次就相关质疑做一些回答。

一、为什么要“言必称希腊”

我在书中强调希腊科学精神才是正宗的科学精神，缺乏希腊人那种为科学而科学、为求知而求知的理性精神，我们中国的科学事业就原创乏力，行之不远。这个说法直接针对当前中国全社会弥漫着的实利主义倾向，学界缺乏纯粹求知的热情的现象，引起了不少著名科学家的共鸣。著名的神经生物学家饶毅教授在他为拙著写的序中再次强调：“中国人对科学的误解其实更多体现于一种功利主义取向。很多人不了解科学是人类探索、研究、感悟宇宙万物变化规律的知识体系的总称，是对真理的追求，对自然的好奇。”物理学家张双南在评论拙著的文章中也说：“中国古代没有产生科学理论的一个重要原因在于中国传统文化导致的实用性。但是实用性眼光不够远大，设定的发展空间极小，一旦现实不提出直接的要求，它就没有了发展的动力。但是科学研究本质上不以实用为目的，为追求规律而追求规律，不受到发展空间的局限。”[①]应该说，“言必称希腊”在科学家中反而容易取得共识。

批评主要来自科学哲学界同行，批评的基本思路是，在一个多元论的时代，为什么要强调一种以希腊科学为旗帜的一元论的科学观？吴彤教授对我关于希腊科学的解读并无异议，有异议的是，以“希腊科学”为“科学”的唯一标准和唯一尺度，以“希腊理性”为“理性”的唯一标准和唯一尺度。颜青山教授也认为我犯了“本质主义”错误，因为我提出“科学精神就是理性精神，就是自由的精神”，这被认为是试图对“科学”做“统一说明”和“解释”。

我想首先应该澄清一个误解。我们主张多元主义是指言论自由意义上的多元主义：每个人都有权利提出自己的观点，不因该观点与所谓公认正确的观点相左相异就被剥夺发表这种观点的权利。多元主义不是说一个立论者可以同时持有多种不同的观点，也不是说他对持有何种观点根本不在乎、根本不论证。多元主义是说你有权发表任何观点，但不是说每种观点都有相同的说服力，也不是说根本不存在对错之分。

我在自序里说过，《什么是科学》并不是一本划定科学与非科学之分别标准的科学哲学著作，而是一部描述西方科学

---

① 张双南：《科学的目的、精神和方法是什么？》，《科学人》微信公众号2016年10月26日号。

之历史实情的科学史著作。我不是在系统阐述“一种”科学观，而是通过对西方科学史的有选择陈述（并非一部系统的西方科学史），来澄清国人中广泛流行的对科学的误解。标题“什么是科学”是疑问句，是发出疑问、唤起警醒，不是提供标准的哲学答案。

作为一种历史叙事，我自然不会秉承一种过分僵硬的单一科学观，但我也不会认为经历了两千多年流变的科学完全丧失其“同一性”。历史学的“哲学”预设就是这样：一方面，一件事情既然在历史中发展，那它就绝不可能是一成不变的，因而没有办法给出一个单一的定义，正如尼采所说：“历史性概念没有定义，只有历史”；另一方面，它既然在历史中发展，那它就始终保持了某种同一性，否则我们就无法理解是“什么东西”在历史中流变。

因此，我在书中提出了关于科学的“历史类型学”，认为在历史上出现过三种突出的“科学类型”：希腊理性科学、欧洲现代数理实验科学、博物科学。其中数理实验科学属于理性科学的变种，因此严格说来，人类历史上只有两种科学类型：理性科学和博物科学。之所以把它们都称为“科学”，是取“科学”的广义即“知识”，即把“知识”作为它们的“同一性”。何谓知识？“从根本上讲，‘知识’是‘人’特有的存在方式。人是一种与环境共处的存在者，而共处就需要对作为他者的环境有所关怀、有所了解。从最广泛的意义上讲，知识（科学）是对于事物的熟悉和了解：它是人在与环境的交往过程中习得的，并且有助于这种交往，还具有可分享、可传播的特征。”（《什么是科学》263页）所有的人类文明都有自己各具特色的博物科学传统，但只有希腊—欧洲文明有理性科学传统。取广义的科学理解，人类各民族各文化有自己的科学；取狭义的科学理解，只有西方有科学。西方的科学也不是一成不变，从古代希腊到现代欧洲，西方的科学由求真的科学变成求力的科学。虽然有这样的巨变，但它们都只是理性科学内部的变化，现代求力的科学仍然是理性科学。

虽然整个来说，拙著是一部科学史、特别是科学思想史的著作，但我在书中也有两处颇有科学哲学风格的关于科学概念的界定。一处是第二章第一节《Science的辞源及其演变》，另一处是第五章的第四节《重建科学谱系》。如果吴、颜两位认真关注一下这两节，就知道我并不是一元主义的、本质主义的科学观的持有者。

我之所以说希腊科学是“正宗科学”、希腊理性是“正宗理性”，这也是就历史实情而言，而不是在做一个哲学判断。古代中国人从没有“科学”这个说法，“科学”是一个现代汉语的词汇，是来自日本人对西文science的汉译。西方的“科学传统”源自古代希腊。这些都是历史常识。有些中国学者和读者认为，狭义的科学就是现代科学，在此意义上，不仅中国古代没有科学，西方古代也没有科学。我坚决反对这种

“历史虚无主义”的说法，强调现代科学是希腊科学传统的直接继承者，哥白尼和托勒密之间、伽利略和阿基米德之间并无根本性的差别。我认为，这也是科学史的常识。著名物理学家、1979年诺贝尔物理学奖获得者和科学作家斯蒂芬·温伯格（Steven Weinberg, 1933—）最近出版了一本科学史著作《解释世界——现代科学的发现》（To Explain the World, the Discovery of Modern Science, 2015）。在前言里，他说：“当今世界，科学具有世界性，它或许是人类文明中最国际化的方面。然而，现代科学诞生于广义上的西方。现代科学从欧洲的科学革命期间所做的研究中学习了方法论，欧洲科学革命又是由中世纪欧洲及阿拉伯国家所取得的成就演变而来，而这些成就均可追溯到希腊的早期科学。”[①]我认为，他只是表达了科学界共同认可的历史常识。

我之所以如此强调希腊科学精神，是因为中国科学界、知识界、文化界甚至科学史和科学哲学界对现代科学的这一源头过于生疏。中国人被迫接受的“科学”首先是“现代科学”。十九世纪以来，近代科学通过全方位的技术化开始兑现其“求力”的理想。掌握了近代科学及其技术的西方世界开始称霸全球。十九世纪中期西方列强与中华文明交锋，立即打垮

① 温伯格：《给世界的答案》，凌复华等译，中信出版集团2016年版，第X页。

了中华文明的历史悠久的自负和自傲。先进的中国人认识到这是“三千年未有之大变局”，中国人从此不情不愿但又无可奈何地走上了“师夷长技以制夷”的现代化道路。极少数人认识到希腊科学的“无用性”精神才是现代科学之大用的基础，但多数人对此毫无概念。近半个多世纪，强调现代科学起源于资本主义生产的要求成为主流论调，更多的人忽视现代科学的希腊源头，甚至有不少中国科学史家认为现代科学完全是文艺复兴之后的新东西，与希腊科学毫不相干。表面上看，“言必称希腊”有矫枉过正之嫌，但如果就中国当下的文化语境而言，却是绝对必要的一步。

二、为什么说“没有基督教就没有现代科学”

这个话题其实也只是一个恢复历史常识的话题，因此，学者们对此并无异议。专门研究基督教的何光沪教授还对此提供了更多的支持。异议主要来自普通读者。

首先需要澄清的是，“没有……就没有……”是一个关于必要条件的判断，我这里所说的不是充分条件，不是说只要有基督教就会有现代科学，因为很明显这不是历史事实。其次也需要澄清，说“没有基督教就没有现代科学”只是就现代科学的历史起源而言的，并不是说任何一个后发展的民族要想掌握现代科学都要先信仰基督教。

即使就“没有……就没有……”这样的必要条件断言，严格地用于历史叙事也要十分谨慎，因为历史只有一次，不能重复，因而无法检验。不过，虽然无法对历史事件之间的必然联系进行检验，但历史学家仍然要讲述历史事件的种种联系，以便形成连贯的历史叙事。这种历史关联不是通过实证的方式被反复证实，而是通过历史文本释读出来的。历史学与自然科学不同就在于，它不是实证科学，而是解释学。当然，在确认基本事实方面，历史学和自然科学一样讲证据、讲逻辑，但超出事实层面谈及历史关联，解释学就发挥更大的作用。受一百年来方法论科学主义的影响，多数中国学者特别是理科背景的学者，对以历史学为代表的人文学科的意义和价值是不甚理解的。这一点，在论及“没有基督教就没有现代科学”问题时，也表现得很突出。许多缺乏世界史知识的人会认为现代科学的出现与基督教毫无关系，只承认基督教出现得比现代科学早，不承认基督教塑造了现代科学的样式。我想，基督教与现代科学的关系很像禅宗与道家的关系。禅宗是中国化了的佛教，是印度佛教与中国道家相融合的产物。如果我们把这个意思表达成“没有道家就没有禅宗”似乎没有什么异议。之所以很多人不理解“没有基督教就没有现代科学”，还是因为历史知识欠缺。正如单单印度佛教西来，不足以产生禅宗；同样，单单希腊理性科学的复兴，不足以产生现代科学。

在有些人看来，说“没有基督教就没有现代科学”是在美化基督教，因为在他们看来，现代科学是一个好东西，基督教居然是这个好东西的来源之一，与他们一直习惯中基督教的坏形象对不上。我提出这个问题，完全没有美化基督教的意思，因为我根本就没有“现代科学一定是一个好东西”的预设。当然，我也没有“现代科学是个坏东西”的预设。我认为，作为一个历史学家，首先的任务是客观地展示各种现象之间的关联，而不是急于表达自己的立场和倾向。当然，在揭示某种历史关联的时候，立场和倾向自然会有所展露。

吴彤教授在文章中认为我“很理想主义地把希腊科学求真和自由的本性揭示出来，论证了这种求真才是科学的本质，而且论证了从理性自由转变为意志自由的连续性和合理性，这是否会遮蔽了求力和求利科学的种种问题？”很显然，论证“从理性自由转变为意志自由的连续性”，这是思想史家的本分，但这并不会遮蔽现代科学作为求力科学和求利科学的种种问题，相反，倒是揭示了问题的深刻根源。因为如果不了解潜藏在“求力意志”背后基督教的动机，就没有办法解释现代科学那种不顾一切的、全方位征服和控制自然的意图。颜青山教授在文章中认为，“单就对自然的控制而言，实在没有必要诉诸求力意志这样的理念或隐喻。技术一直是人类与自然打交道的方式，而在其巫术的源头那里很早就包含了控制自然的成分，即使当时的人类没有控制自然的意图，也至今包含了利用神意改变自然状态以达到欲求目标的意图”。也就是说，在他看来，现代科学在控制自然方面没有什么新奇的，似乎自古以来，人类都在通过技术或巫术的方式实现这种控制自然的意图。这恰恰从反面揭示了，如果不能关注现代科学的基督教来源，我们就很容易看轻现代科学，看不到它深远的潜在后果。自古以来的巫术或技术都只是在极其有限的范围内从事对自然的控制，而现代科学对自然的征服和支配却是无限度、无止境的。这种从有限到无限的飞跃，离开基督教的背景是无法解释的。

今天，现代科学带来的许多负面后果已经十分明显，但是人类还没有想出好的办法来处理这些后果。通常的说法是，科学带来的问题还得靠继续发展科学来解决。这几乎就是现代性赋予现代科学的自我辩解的逻辑，是上述“无限控制”逻辑的延续，也是现代性问题迄今无解的根源。我们如果忽视现代科学的宗教基础，我们很容易丧失对现代科学带来的蛮力的警惕，或者发现了问题也找不到问题解决的恰当方案。在这个意义上，揭示基督教与现代科学的内在关系，其实就是在为克服现代科学的问题创造条件。

三、为什么说中国古代没有科学，又为什么说中国古代有科学

关于中国传统文化中有没有科学的话题引起了最多的争

议，尽管我认为，我在形式上已经讲得非常清楚了：在希腊理性科学意义上、在现代数理实验科学意义上，中国古代均没有科学；在博物学意义上，中国古代有科学。异议主要在如下三个方面：第一，虽然中国古代的理性科学、数理科学、实验科学不发达，但不能说没有，比如孙小淳教授认为中国古代有非常丰富的科学经验，包括数学、逻辑和实验，因此“我们宁可认为中国古代有科学”[①]。第二，反对说中国古代在数理科学意义上没有科学，主张中国古代有自己成熟独到的数理科学，比如刘钝教授认为“中国古算是一门自成体系的成熟学科”[②]，他虽然用的是“学科”而不是“科学”。第三，反对科学的“理性科学—博物科学”的两分框架，主张在现代数理实验科学、希腊理性科学以及博物学之外，中国拥有自己独特的科学体系，比如张祥龙教授认为中国的科学比如中医“又是正经科学又不是西方的主流科学”[③]，吴彤教授也认为中国古代有自己的与西方不同的自然研究（不管是不是叫科学）。

第一方面的异议源自不同的编史学方法论。我比较偏重

① 孙小淳：《我们宁可认为中国古代有科学》，《中华读书报》2016年11月16日第10版。

② 刘钝：《中国古算是一门自成体系的成熟学科》，《中华读书报》2016年11月16日第9版。

③ 张祥龙：《中国在什么意义上有或者没有科学》，《中华读书报》2016年11月16日第9版。

“思想史”，因此当我提到“科学”的时候，指的是拥有一套思想体系的“科学传统”，而不是指孤立的发现、个别的概念、零星的成果。当我说中国古代没有理性科学、数理实验科学的时候，我的意思是说没有理性科学“传统”、数理实验科学“传统”，我当然不否认那些过去半个多世纪来被中国科技史专家们发掘出来的“史料”的真实性，因此也部分认同孙小淳教授提出的“中国古代有科学的历史经验”，虽然我远不认为这些科学的历史经验很丰富。但是，我强调的是，这些碎片式的历史经验并没有构成一个“科学传统”，并且由于缺乏这种“科学传统”，这些历史经验严格意义上讲根本就不能称为“科学的历史经验”。过去半个多世纪里，中国科技史的研究者们多半遵循李约瑟的研究范式，对历史持有一种实证主义的、辉格式的态度，因此流行“说有容易说无难”（没有找到不能说无，只要找到一个就可以说有）。可是“科学”首先是一套观念体系，并不是一堆散乱的钱币。如果按照我的苹果树和桃树的比喻，在桃树（中国文化）上找苹果（科学）恰恰是“说无容易说有难”。当然，对于不同的编史方法和编史模式，应该取多元的态度，这一点上我和孙小淳教授是有高度共识的。

关于第二方面的异议，我同意刘钝老师“中国古算是一门自成体系的成熟学科”的观点，同意它们自成体系、绵延不绝、有代表性人物和著作、有共同术语和学术共同体，但我仍然坚持中国古算只是计算技术、只是算题志，不是数理科学。认为《几何原本》代表着演绎推理的数学传统，让《九章算术》代表算法化的数学传统，并且把它们并列为世界数学的两大传统，我认为并不妥当。所有古老的伟大文明，埃及、巴比伦、印度和中国，也包括希腊人，都有自己的计算术，我们可以自豪地说，中华文明在这方面“技”高一筹，但是我们也必须承认，只有希腊人“发明”（或者“发现”——这取决于何种数学哲学）了超越于实际应用的数学“科学”。技高一筹的计算技术服务于实际社会生活的需要，因此缺乏超越的目标，行之不远。事实上，现代数学与中国古算基本上没有关系。诚然，“古希腊数学不是一切数学活动的源头”，现代数学也不单纯是希腊古典数学的复兴和光大，而是与现代科学一样经受了唯名论运动的洗礼，成为现代性思想的一个有机组成部分，但是中国古算并没有参与现代数学的构造过程。

第三方面的异议认为无论是理性科学（希腊古典理性科学、近代数理实验科学），还是博物学，都是西方的标准、西方的眼光，都不适合用来描述中国古代的“科学”。为什么这种中国传统中十分独特的东西又要称为“科学”——这个显然属于西方的称谓呢？张祥龙教授认为这是在当今科学强势时代挽救中华古文化必须采纳的策略。我想，弱势者向强势者传播自己的文化，采纳依傍的策略这是完全可以理解的。比如当年耶稣会士来华传教自称“番僧”或“西儒”。可是策略总归是策略，传教士自己恐怕不会真的认为自己是“儒生”；同样道理，如果说今天是西方科学强势的时代，我们向西方人传播中国文化时不妨采纳这种依傍策略——事实上，西方人的确津津有味地听我们说来自东方的科学故事，可是我们自己不能被这种策略所“欺骗”，误认为我们中国古代真的有“科学”吧？祥龙老师或许认为我们今天的中国人已经是某种意义上的西方人，忘记了自己祖先的文化，为了在我们这一代身上传播中国的古文化，也要采取依傍“科学”的策略。如果是这样，我认为他讲得有道理，可是，现实的情况似乎并不是这样。现代中国人只是表面上认可“科学”这个词，实际上对来自西方的科学并无深刻认同，也不了解现代科学的巨大威力和潜在后果，而这恰恰是我写作《什么是科学》一书的出发点。对当前现实状况的不同判断，导致了我们的分歧。

因此，我和祥龙老师之间的分歧根本在于对当前“危局”性质的判断。在他是中华古文化后继无人、文化断裂无法弥补，而在我，则是现代科技文明本身的不可持续。现代科技文明已经将地球上的一切民族都卷入人与自然的对抗之中，也将全人类卷入了加速发展但又不可持续的危机之中。科技文明的危机比起中华文化的危机更加全局、更加严峻、更加急迫，占人类五分之一的中国人如果对现代科学及其技术的本性一无所知，那么既不能为消除现代性危机作出贡献，最终也无法保住中华古文化。为了澄清“科学”之“本性”，就必须回到西方的语境之中，就必须自觉主动接受这些实际上已经为我们下意识接受了的“西方标准”。

之所以有对危局判断的不同，我认为关键原因在于是否真的认识到了现代科学之强势。我认为，十九世纪中期到二十世纪初，有许多先进的中国人是真的认识到了，因此才有了一百多年来的现代化道路。时至今日，现代科学之强势应该是越来越明显，特别是基因工程、人工智能等高技术大发展的今天，可是，很多中国人却以为救亡问题已经解决，中国人似乎可以不借重西方的文化精神也能够自己发展高科技。我想，在当下中国文化中盛行的科学工具论、实用论，实际上看轻了科学，完全没有正视带来“三千年未有之大变局”之现代科学之强势。不能直面现代科学的强势，我们就不能正确地认清中华民族在现代的地位，就不能正确评估中国传统文化的意义。说中国古代有非西方意义上的科学，而且很强大，这肯定不利于对“科学”概念进行正本清源式的澄清，也不利于直面现代科学及其技术的超级强势。

我和张祥龙教授、刘钝教授等批评者的另一个分歧是，他们都不看好博物学（自然志）。尽管我提出博物学作为理性科学之外的另一大类科学类型的用意，恰恰是要恢复多元科学观，为非西方文化中的相关自然知识提供合法性，但他们认为那是西方人眼中低人一等的“科学”，是傲慢的西方人为非西方落后民族专门指派的低级科学类型。他们继承并认可了西方某些有偏见的思想。的确，有些西方数理科学家贬低自然志，比如卢瑟福就说过“所有的科学，要么是物理学，要么是集邮”，但这种高低标准并不是定论，更没有约定俗成，因此用不着秉承数理实验科学为唯一正统科学的标准。我也承认，由于缺乏足够的研究，博物学（自然志）传统过去被简化被漫画化，需要我们开辟这个新的研究纲领，恢复自然志传统的博大和丰富性，以为现代越来越强势的数理实验科学的平衡和纠偏。当然，这不只是提出一个口号就能够解决问题的，有待今后艰苦而持久的努力。

总的来讲，关于中国古代有无科学的异议可以概括为两种：第一种主张中国古代有西方意义上的数理实验科学，即使研究范式不同（比如算法倾向而非演绎体系），也是科学（数学），所以可以研究“在中国的科学”（Science in China）。以刘钝教授和孙小淳教授为代表的多数中国古代科技史家持有这类异议。第二种主张中国古代有自己独特的非西方意义上的科学，所以称之为“科学”，是基于有“权变”的“依傍”，可以研究“中国的科学”（Chinese Science），张祥龙教授持有这种异议。对前者，我的回答是，不能以“零星成就”来代表“科学传统”，不能混淆“科学”与“技术”。对后者，我的回答是，将中国独特的天人思想称为“科学”不利于当代中国人正确认识“科学”，而现代性及现代科技的危机比中华文化的危机更加紧迫、更加具有现实的优先性。

百家小集

总策划　肖风华　主　编　向继东

第一辑

朱　正	《那时多少豪杰》
钟叔河	《大托铺的笑话》
王跃文	《读书太少》
丁　东	《文化界遛弯儿》
谢　泳	《网络时代我们如何读书》
蓝英年	《那些人，那些事》
智效民	《教育在民国》
王彬彬	《有事生非》
陈四益	《衙门这碗饭》
邵燕祥	《〈找灵魂〉补遗》

第二辑

钱理群　《与鲁迅面对面》
萧　默　《秋风吹不尽》
单世联　《一个人的战斗》
王学典　《怀念八十年代》
十年砍柴　《历史的倒影》
傅国涌　《无语江山有人物》
来新夏　《邃谷四说》
陈行之　《灵魂是不能被遮蔽的事物》

第三辑

许纪霖　《小时代中的理想主义》
马　勇　《晚清笔记》
鄢烈山　《江山如有诗》
胡文辉　《拜金集》
李建军　《不成样子的扯淡》
吴国盛　《科学史笔记》
*何怀宏　《趣味横生的时光》
*陈徒手　《过眼滔滔云共雾》
*王奇生　《一万年太久》
*葛剑雄　《京华识小》
*张梦阳　《沉思与游走》

*诗出